用 SCRATCH 3.0
創作故事動畫及互動遊戲

賴皓維 著

版權聲明：

- Scratch 是由麻省理工學院媒體實驗室的 Lifelong Kindergarten Group 開發。請參閱 http://scratch.mit.edu。

- 本書所引述的圖片及網頁內容，純屬教學及介紹之用，著作權屬於法定原著作權享有人所有，絕無侵權之意，在此特別聲明，並表達深深的感謝。

本書影音教學與範例程式

為方便讀者學習，本書範例程式及範例影片請至本公司 MOSME 行動學習一點通網站（http://www.mosme.net），於首頁的關鍵字欄輸入本書相關字（例：書號、書名、作者），進行書籍搜尋，尋得該書後即可於【學習資源】頁籤下載程式範例檔案使用並觀看範例影片。

推薦序 PREFACE

　　五十多年來資訊與網路科技的快速進步，已經成為我們日常生活以及工作中無法或缺的一部分。未來，資訊科技會發展到甚麼樣的境界，沒有人說的清楚，然而，可以確定的是，它必然在人類生活的所有面向上，產生更深遠的衝擊。

　　資訊硬體運算速度的進步，目前看來似乎已經足以應付人類各種不同的需求，未來發展的面向會在於軟體和應用，或是人工智慧或是虛擬實境或是……，而這些軟體和應用唯一的極限是人類的想像力。如何讓下一代具備較強的競爭優勢，學會掌握軟體技術並且具備豐富的想像力，或許是一種可以嘗試的途徑。許多國家已經在其國內的教育體系內，讓軟體的創作與創意成為初級國民教育中必要的一部分。

　　學習新事物最關鍵的並不是在短時間內灌輸更多的知識或技巧，而是要能選擇一個好環境，讓學習者有機會接觸，從而激發出能夠持續學習的胃口。而學習胃口的培養，最重要的是要讓學習者能夠很容易就得到一點小小的成就感，並且能夠從觀摩、學習其他人的作品中得到回饋。所以，在有樂趣的「做」中持續「學」是唯一的途徑。

　　本書作者引進麻省理工學院開發並開放給全世界使用的 Scratch 3.0 和分享平台，應該是國內小朋友進入這個領域，培養創意和世界觀，非常適合的入門學習途徑。

　　這本書總共介紹了八個實作案例，用最簡單的積木模組拖拉置放方式，一步一步導引，讓小朋友在快樂的創作裡，很容易地做出成果，獲得成就感，並且上傳網路平台，和各國的學習夥伴分享，觀摩世界各地的創意，獲取回饋，進一步培養更健康、更具世界觀的學習胃口。

　　認識皓維和他的家人多年，感受到他的誠懇、實在和用心，他是十足的好爸爸、好先生和好老師，在這本簡單、容易的好書要出版的時候，非常樂意向大家推薦。

數位聯合電信 Seednet 總經理　程嘉君

推薦序 PREFACE

　　非常開心看到皓維老師大作出版，我非常感佩老師長期推動創新科技教育的專業與熱忱，能為大家推薦這本「用 Scratch 3.0 創作故事動畫及互動遊戲」專書，十分榮幸。

　　從事教育工作多年，我深深了解，創造力、批判思考、問題解決、邏輯與運算思維、團隊合作、美感實踐……等高層次思考能力，對孩子面對未來的競爭世界是多麼重要！可惜，在基礎教育現場一直欠缺完整而有系統的教材來達成。在這一波新課綱改革中，新增加之科技領域課程宗旨就在培養孩子這方面能力，皓維老師以其科技專業，透過想像、創作、實驗、分享的循環流程，讀者若能細讀本書，我相信必定可以培養出對程式設計的興趣進而了解其精髓，習得高層次思考能力與跨域素養，以期面對競爭的未來。

　　另一個我十分推薦的理由是皓維老師推動科技教育的熱忱，本校地處偏鄉，資源十分有限，老師本著對孩子的愛，不計較鐘點費，仍長期到校授課，老師願意協助偏鄉學子突破限制，打開一扇看見世界的窗，這點讓我非常感謝且佩服。在教學過程中，遇到學生無法理解之處，老師總是不厭其煩且很有耐心地指導，老師十分了解初學者較易遇到的困難點，這樣豐富的教學經驗也讓此本書圖文並茂，說明仔細又有實例，不但能協助讀著更容易進入 Scratch 世界，也很適合其他教師拿來當作教材。

　　身為資訊社會的公民，如何掌握、分析、運用科技的能力已經成為現代國民應具備的另一種基本素養，期冀透過此本書的推廣，讓更多學生有基本的動手實作能力以及資訊科技知能。

嘉義縣立忠和國民中學校長　黃雪惠

推薦序 PREFACE

我是國小老師，曾是程式語言的門外漢，因緣際會在 4 年前開始帶著小學生進入了 Scratch 2 的懷抱。經過研習後一邊自我摸索、一邊帶領小朋友們學習，跌跌撞撞中深深覺得需要一本入門書來帶領小朋友。

適逢 Scratch 2 的進化，Scratch 3 世代正式來臨，Scratch 3 不僅延續了原先的風格，也大力支援了目前坊間的機器人設備。急需一本入門書作引導。

正好從事程式與創客教育的賴皓維老師嘔心瀝血的 Scratch 3 大作也及時上陣救援，書中深入簡出鉅細靡遺的帶著學生從動畫的製作衍伸到小男生最喜歡的遊戲製作，對於學校做跨領域的教學是不可多得的一本書。

這本書不僅輕鬆帶領「大家」直接進入 Scratch 3 的領域，也讓「我們」從 Scratch 2 跨入 Scratch 3 沒有障礙。讀完這本書，我想小朋友可以嘗試挑戰貓咪盃了。非常期待賴老師的新書隆重登場。

屏東縣和平國小主任 邱裕國

推薦序 PREFACE

　　台灣的 12 年國教即將上路，以「素養」為核心概念的新課綱即將展開，科技領域將扮演引導學生從日常生活中觀察體驗，進而設計、運用電腦工具以進行理解、歸納分析或解決生活問題的重要角色；許多的研究文獻中也指出，學習程式語言將有助於提昇創造思考的能力、解決問題的能力及邏輯思維能力；而教育部自 105 年起辦理 Scratch 全國性競賽，各縣市均積極投入國、中小程式語言教育以培養學生運算思維與邏輯能力，其目的無不希望提昇孩子的科技素養以迎合新世代的生活方式。

　　本書作者在科技領域耕耘多年，教學經驗豐富，今不藏私將其平日的教材內容匯集撰寫成「用 Scratch 3.0 創作故事動畫及互動遊戲」一書與學員分享，內容以生動活潑、淺顯易懂的主題式單元，循序漸進的引導學員輕鬆進入程式語言的殿堂；其中有關動畫創作的流程與細節、遊戲創作的邏輯思維與解題技巧，處處可見作者用心鋪陳的巧思，同時也不忘提醒學員特別留意之處；而最後一個章節的「團隊協作技巧」更有別於一般市面同類型的相關書籍，因此本書除了可以培養學員獨立思考的能力，同時也是分組合作學習的良好教材。

　　108 新課綱推動在即，科技領域將扮演一個舉足輕重的角色，本書的出版不論在資訊科技課程或 Scratch 程式競賽準備上，都是一本非常好的參考書籍，相信讀者研讀後會對程式設計有更深入的體會與豐富的收穫。

臺南市立新東國中資訊科技教師　葉志青

作者序 PREFACE

給學生

　　這是一本學習 Scratch 程式語言的工具書，教大家利用積木程式指令來創作故事動畫及互動遊戲，用有趣的主題在製作過程中學習到技巧，以簡單易懂的譬喻來說明較難理解的部份，期望能有效吸收過程的運算思維邏輯，順利創作出自己風格的動畫及遊戲！

　　Scratch 也是一個與世界交流互動的社群平台，透過創作的分享，以及欣賞試玩別人的作品，能夠讓自己的程式技能精進，甚至結交到來自各地的朋友，加入 Scratch 的學習行列是踏進資訊科技的第一步！

給家長

　　資訊科技發展迅速，特別推薦引導孩子學習 Scratch 程式語言，在美國麻省理工學院推行已有十多年，目的是藉由學習過程培養邏輯推理、創意思考、協同合作的能力，這是一連串的「想像」→「創作」→「實驗」→「分享」→「回饋」→「想像」之循環精進過程，目前台灣教育改革也著重在資訊科技及生活科技領域，程式語言會是這些領域的必要基礎，因此從小培養對程式語言的創作興趣，對於未來學習及就業發展幫助甚大！

給老師

　　本書採用有趣易懂的主題式單元，可引發學生學習程式語言的熱誠，循序學習其中的技巧，使老師們在教學現場可更得心應手，搭配課後讓學生舉一反三的創作，並讓同學間發表分享，相信這會是一個學生所喜愛的課程！

賴皓維＠創新科學俱樂部
2019 年 10 月

目錄 Contents

第 1 章　Scratch 的基礎認識

- 1-1　Scratch 是什麼？ 2
- 1-2　加入 Scratch 2
- 1-3　登入 Scratch 6
- 1-4　Scratch 環境介紹 7
  - 1-4-1　功能表區 7
  - 1-4-2　舞台區 8
  - 1-4-3　背景與角色區 9
  - 1-4-4　指令區 10
  - 1-4-5　工作區 11
  - 1-4-6　背包區 12
- 1-5　下載安裝離線版 13

第 2 章　動畫創作 - 喜樂農場

- 2-1　創造新專案 16
- 2-2　加入音效 17
- 2-3　角色造型更換 20
- 2-4　廣播訊息 22
- 2-5　迴轉方式及方向角度 24
- 2-6　重複迴圈 25
- 2-7　條件式 26
- 2-8　圖像效果 27
- 2-9　造型新增及向量圖 30
- 2-10　造型中心 34
- 2-11　角色邊走邊縮放 35
- 2-12　角色之間的圖層 37
- 2-13　切換場景 44
- 2-14　函式積木及添加擴展 46
- 2-15　分享到社群 53
- 2-16　專案的下載或上傳 56

目錄 Contents

第 3 章　遊戲創作 - 魚兒魚兒水中游

- 3-1　上下左右鍵移動角色 58
- 3-2　建立分身 59
- 3-3　新增魚兒造型 60
- 3-4　點陣圖與向量圖 61
- 3-5　計時器 62
- 3-6　文字型角色 63
- 3-7　變數 64
- 3-8　鯊魚出沒 67

第 4 章　動畫創作 - 歐瑪瑪公主

- 4-1　字串組合 74
- 4-2　與玩家互動的詢問並等待 78
- 4-3　詢問的答案 79
- 4-4　造型與角度 81

第 5 章　遊戲創作 - 打蟑螂

- 5-1　角色動態造型製作 86
- 5-2　用角色取代鼠標 88
- 5-3　等待直到 89
- 5-4　遊戲結束 90

第 6 章　動畫創作 - 消失的魔法棒

- 6-1　所有的劇情場景 94
- 6-2　初期角色介紹 96
- 6-3　校車行進變換場景 101
- 6-4　校車到達 102

目錄 Contents

- 6-5　黑森林沼澤地 105
- 6-6　變形學課程 107
- 6-7　佛地魔來了 111
- 6-8　逃出魔掌 115
- 6-9　遺失魔法棒 117
- 6-10　魔法石再現 123

第 7 章　遊戲創作 - 企鵝出任務

- 7-1　遊戲規則 126
- 7-2　背景音樂及遊戲開始 127
- 7-3　地面的角色 128
- 7-4　跳動的企鵝 133
- 7-5　碰觸感測器 138
- 7-6　體力值（生命值） 141
- 7-7　跳躍的魚 143
- 7-8　橫著走的螃蟹 145
- 7-9　發射冰塊 149
- 7-10　任務失敗畫面 151
- 7-11　過關條件 152
- 7-12　補充體力值 155
- 7-13　通關通道 156
- 7-14　過關畫面 157

第 8 章　遊戲創作 - 魔鬼剋星

- 8-1　遊戲規則 161
- 8-2　遊戲時的背景效果 164
- 8-3　捉鬼裝置的變化 165
- 8-4　瞄準器 168
- 8-5　幽靈出沒 169
- 8-6　骷髏人出場 174
- 8-7　結束畫面 178

目錄 Contents

第 9 章　遊戲創作 - 大象投籃球

- 9-1　遊戲規則 180
- 9-2　拋射運動 182
- 9-3　數據連續往復變動 184
- 9-4　玩家可調整的角度變數 185
- 9-5　感測器的設置 186
- 9-6　籃球與感測器的互動效應 189
- 9-7　大象投球的造型變換 192

第 10 章　團隊協作技巧

- 10-1　匯出造型 195
- 10-2　匯入造型 196
- 10-3　匯出音效 197
- 10-4　匯入音效 198
- 10-5　匯出角色 199
- 10-6　匯入角色 200
- 10-7　專案匯出 201

本書的程式旁邊都會放一張小圖，用來告訴您這是誰的程式。
例如這是舞台的程式。

「造形設計」和「畫面呈現」的標示，展現角色、背景的造形以及整體的畫面呈現，讓你對程式的效果更能掌握。

造形設計

畫面呈現

第 1 章　Scratch 的基礎認識

一起來學習 Scratch 吧！

1 用 Scratch 3.0 創作故事動畫及互動遊戲

1-1　Scratch 是什麼？

「Scratch 是一種編程語言和一個線上社群，在這裡孩子們可以與來自世界各地的人們編寫和共享互動媒體，如故事、遊戲、動畫。隨著孩子使用 Scratch，他們有邏輯系統地學習、創造性地思考、並進行協作。Scratch 是由麻省理工學院媒體實驗室的終身幼兒園組設計和維護。」

引用自：Scratch 官網 – 給家長 https://scratch.mit.edu/parents/

1-2　加入 Scratch

Scratch 的網址是 https://scratch.mit.edu/
由於 Scratch 是開放原始碼的編程軟體，有許多的軟體使用的架構模式與 Scratch 相似或者相容，站在麻省理工學院設計維護的立場，是期望世界各地的學生都能夠在這個『社群』進行互動與共享，因此強烈建議採用 Scratch 網站註冊成為社群的一員，登入並在網路上進行創作，以與 Scratch 社群共享創作及互動。

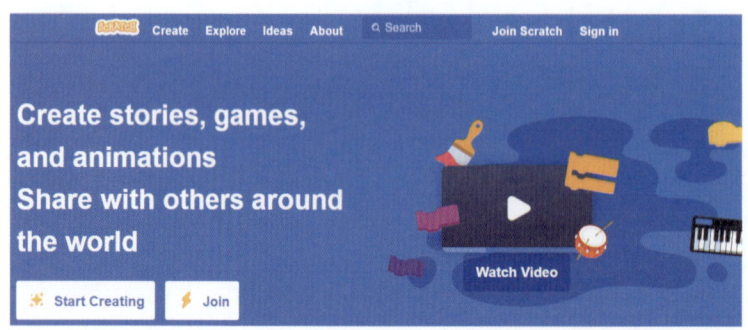

看到的畫面是英文嗎？別擔心，請將畫面往下拉到最底，有語言選單可以變更。

Scratch 的基礎認識

step 2 Scratch 是要訓練學生運算思維、創意分享，因此雖然可以用各式語言，我們還是選擇使用繁體中文，以最熟悉的語言來學習效果較佳。

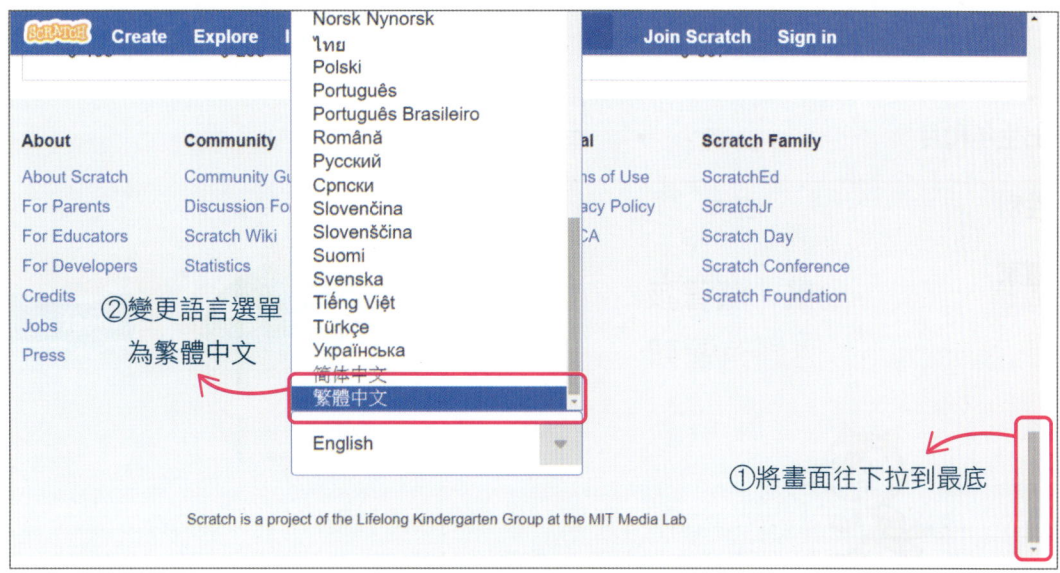

為了避免忘記，請記錄於下。

我的用戶名稱：_____　　我的密碼：_____

用 Scratch 3.0 創作故事動畫及互動遊戲

Scratch 的基礎認識

step 5 看到這個畫面時，恭喜您成為 Scratch 社群的一員！請開啟您剛才註冊用的電子信箱，會收到一封驗證信，點擊按鈕進行信箱驗證。

加入 Scratch

歡迎來到 Scratch！

你可以登入了！開始探索、創造專案吧。

如果您想要分享、評論，請查收你的信箱，點擊驗證信件 **剛剛的電子信箱** 裡面的連結。

信箱不對嗎？您可以在 帳戶設定 中更改信箱。

遇到問題了？ 告訴我們吧！

① ② ③ ④ ✉   好了，讓我們開始吧！

step 6 如果還沒辦法開啟電子信箱進行驗證，還是可以正常進行登入創作，差別是無法在社群進行分享。

Scratch 團隊向你問好！你剛才在 Scratch 上註冊了一個帳戶，用戶名稱是：

您剛才註冊的用戶名稱

請點擊下方按鈕進行信箱驗證：

驗證我的信箱

1-3 登入 Scratch

請輸入「用戶名稱」及「密碼」後登入。

- 順利登入後會出現您的用戶名稱。如有上圖橘色區域的訊息,表示尚未驗證電子信箱,可以暫時不用理會它,驗證後訊息自然會消失。

點一下「創造」正式進入Scratch創作的環境。

Scratch 的基礎認識

1-4 Scratch 環境介紹

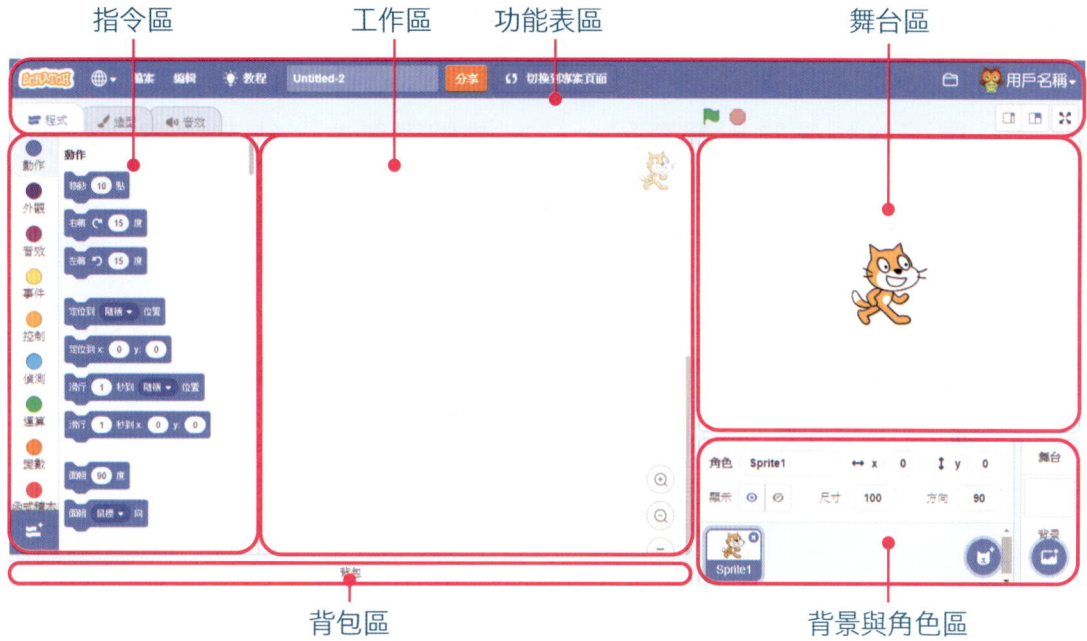

1-4-1 功能表區

功能表區較常使用的是檔案的儲存、從電腦挑選、下載，以及「我的東西」開啟之前設計的專案。

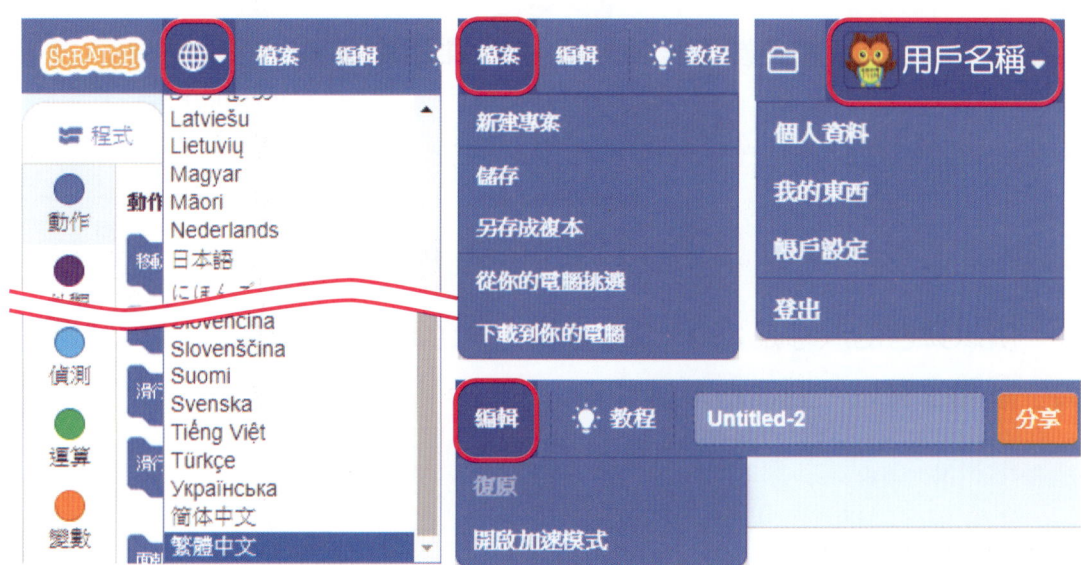

1-4-2 舞台區

想像一下,「舞台」就如同一場舞台劇,這個舞台會有場地大小的限制,站在上面的「角色」就是演員了。例如下圖的貓咪就站在舞台正中央,座標位置是（X：0,Y：0）。

X座標可以想像是一把直尺,往右邊數字越大,往左邊數字越小,中間點就是X：0的位置,因此舞台的右邊界就是X：240,左邊界是X：-240。

Y座標負責螢幕上、下的位置,中間點是Y：0,往上的天花板是Y：180,往下的地板是Y：-180。

所以舞台的尺寸是480×360像素,角色超出這個範圍的部分就是「演員」離開了舞台,到後台準備了!

1-4-3　背景與角色區

我們延續前面的想像，演舞台劇的時候舞台會需要背景布幕，因此工作人員需要準備符合劇情的背景。演戲也需要有恰當的演員角色。

1-4-4 指令區

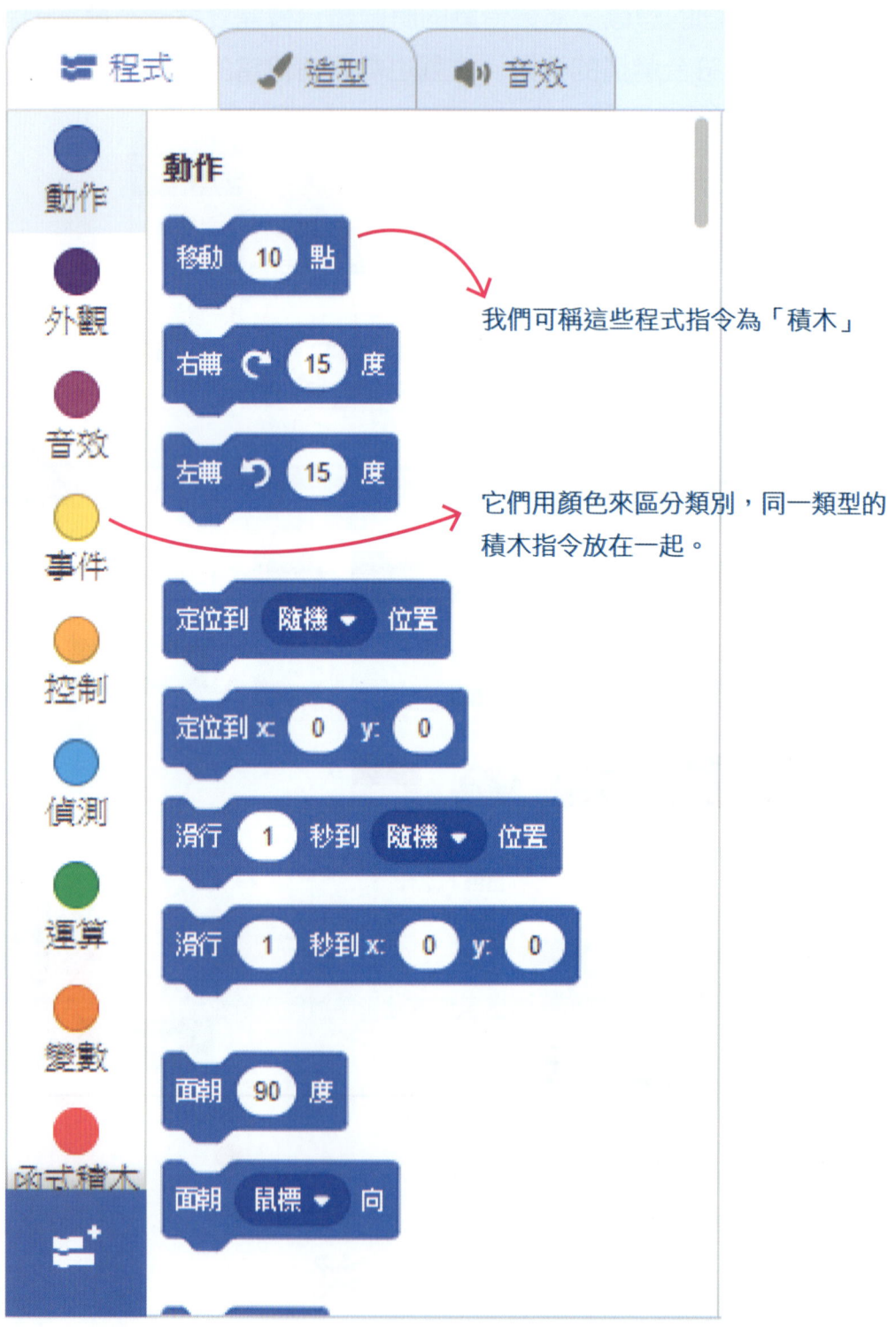

我們可稱這些程式指令為「積木」

它們用顏色來區分類別，同一類型的積木指令放在一起。

1-4-5　工作區

從指令區使用滑鼠左鍵點按積木不放，然後拖曳至工作區後放開滑鼠左鍵，即可對主角下指令。

連接方式是用滑鼠左鍵點按積木不放，然後從下往上接近，當出現積木陰影時放開滑鼠左鍵，即可完成連接指令。

　　拆積木的方式是用滑鼠左鍵按著積木，從下方把積木拉開，移動到沒有陰影的區域，放開滑鼠左鍵即可拆開。

　　不要的積木指令就用滑鼠左鍵按著，拉動到指令區後放開，即可以把積木丟掉了！

1-4-6 背包區

「背包」功能是有「註冊」成為 Scratch 社群的一員，且創作設計時有「登入」帳號才會出現，僅限網路版本線上創作才有。

背包的主要用法是儲存常用的指令積木群，例如遊戲設計常見的分身寫法就會把它放到背包，之後無論是哪個專案需要使用到同樣或類似的指令群，就打開背包，從背包拉出來放到工作區中修改使用。

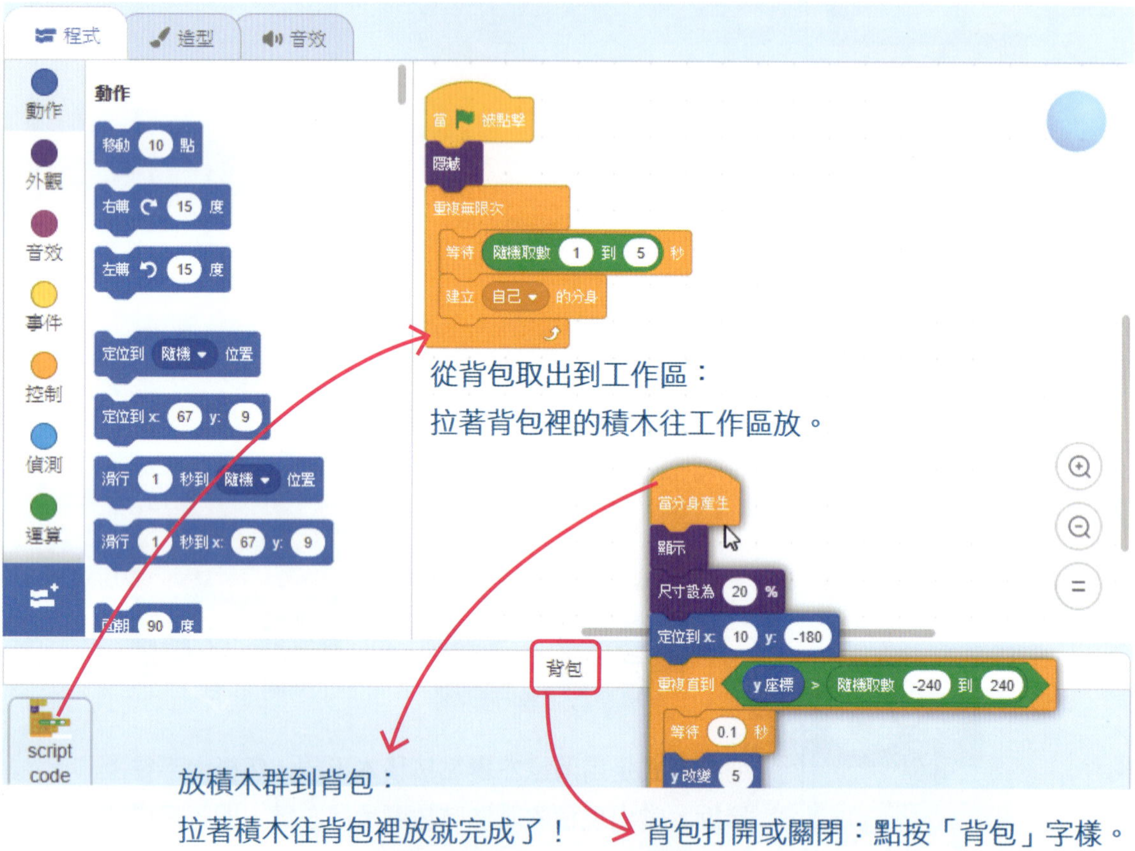

從背包取出到工作區：
拉著背包裡的積木往工作區放。

放積木群到背包：
拉著積木往背包裡放就完成了！

背包打開或關閉：點按「背包」字樣。

刪除背包裡的積木：指著背包裡的積木，按下滑鼠右鍵，出現「刪除」後，用滑鼠左鍵點按。

1-5　下載安裝離線版

　　學校老師及同學們最常遇到的問題就是沒有網路環境、沒有 E-Mail 可用來註冊或競賽公平性刻意取消網路，在這些不得已的情況下，只好安裝使用離線版來創作，但還是強烈建議要有 Scratch 帳號與世界交流。

　　如果您有註冊帳號並可在網路創作，本章節可跳過進入到下一章。

Scratch 主頁面拉到最底有一個「離線編輯器」的連結，點按進去。

選擇您所使用的作業系統，然後往下拉。

安裝 Scratch 離線編輯器

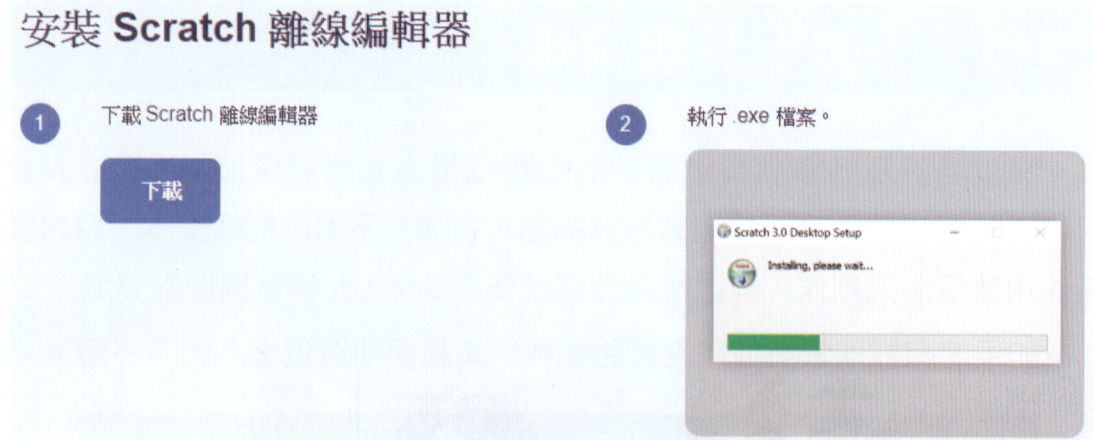

安裝完成打開來使用，環境介面都與網路版本相同，最大的差別就是離線版本沒有「背包」功能，目前也沒辦法直接進行分享專案，必須先把專案儲存下來，然後再上傳到 Scratch 線上編輯器，接著再分享。

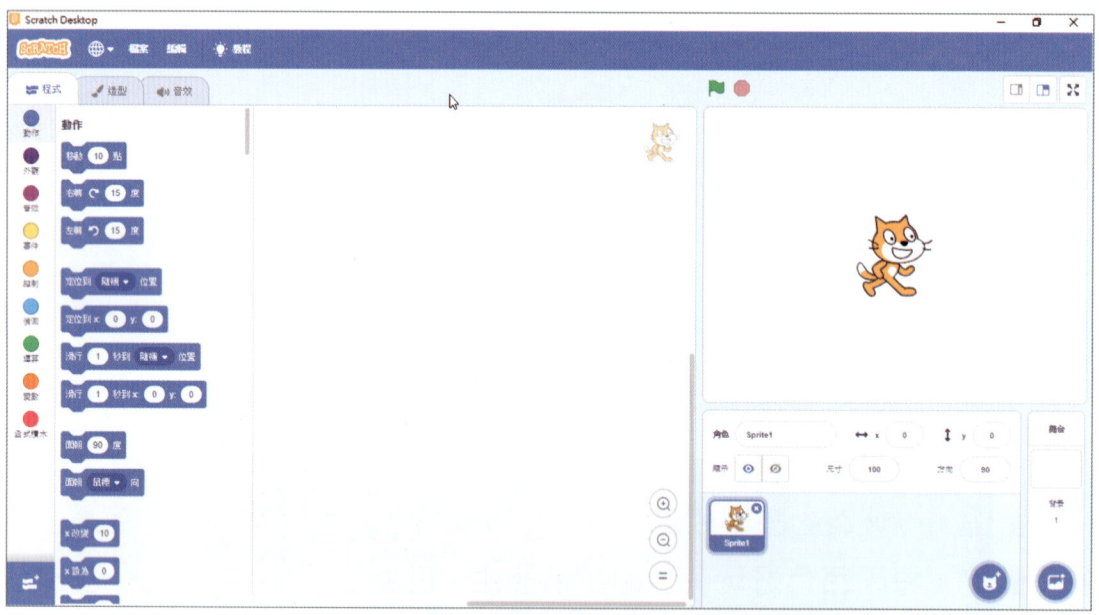

各位對於 Scratch 應該已經有基礎認識了，我們就進入下一章，直接進行學習創作，邊做邊學吧！

第 2 章　動畫創作 - 喜樂農場

（範例程式請參考：「喜樂農場 .sb3」）

　　這是一個真實的故事改編——就是在老師的家啦！這個小小農場養著各種動物，每天都有好玩有趣的事情發生，就讓我們用 Scratch 一步一步製作出動畫，認識老師家的喜樂農場，並從中學習各式技巧吧！

我與世界名牌同名叫「彼得兔」，是農場兔子群的代表！

2-1 創造新專案

step 1

登入帳號後,點選「創造」的連結,開始新的專案。

step 2

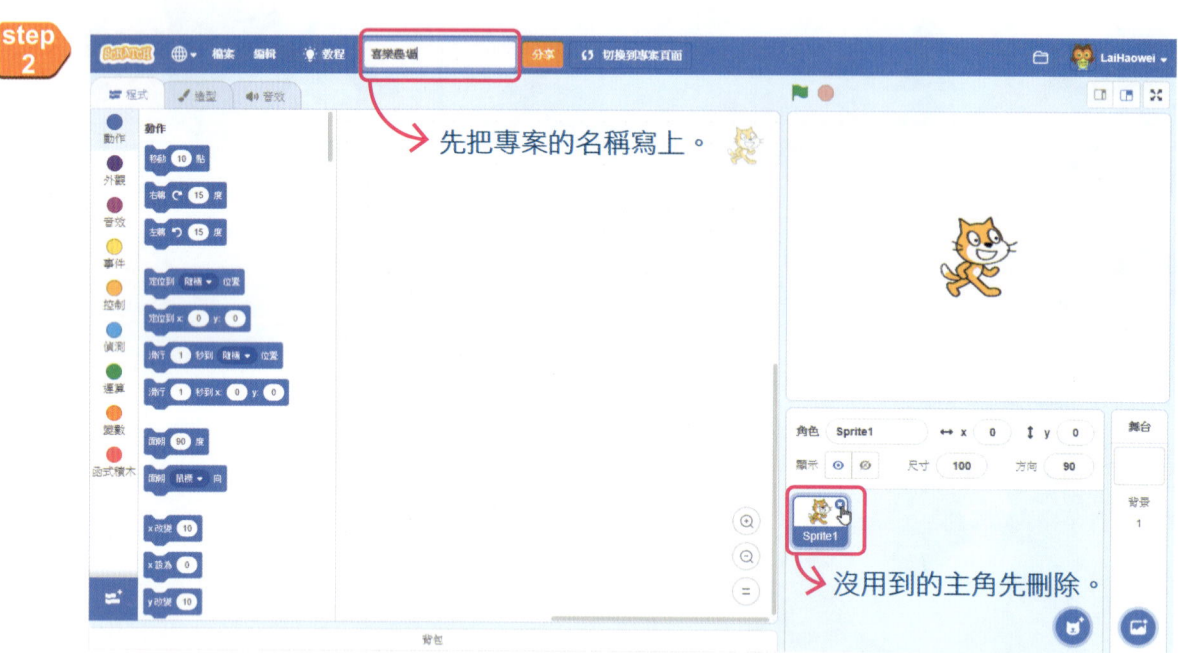

先把專案的名稱寫上。

沒用到的主角先刪除。

②然後先切換到「音效」的活頁。

step 3

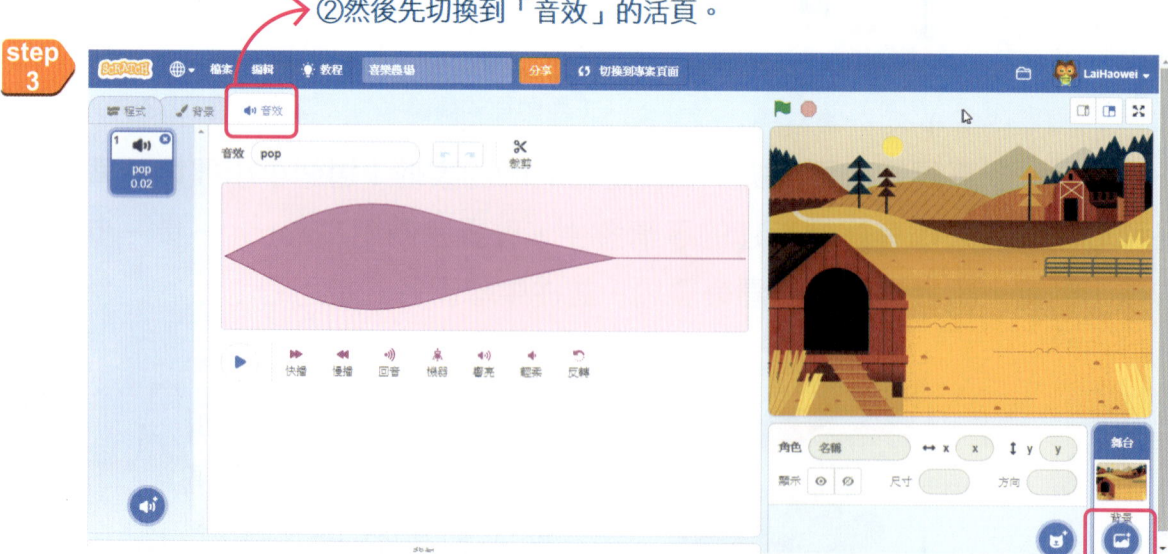

①幫舞台選一個像農場的背景。

動畫創作 - 喜樂農場 **2**

2-2 加入音效

一般而言內建的背景及角色新增後，音效區會有一個「pop」的音效，如果不需要可以將它刪除。

step 1

在左下角的選單可以選擇內建的音效、錄製自己的配音、隨機選一個內建音效的驚喜、以及從電腦上傳事先準備好的WAV或MP3格式的音效、音樂檔。

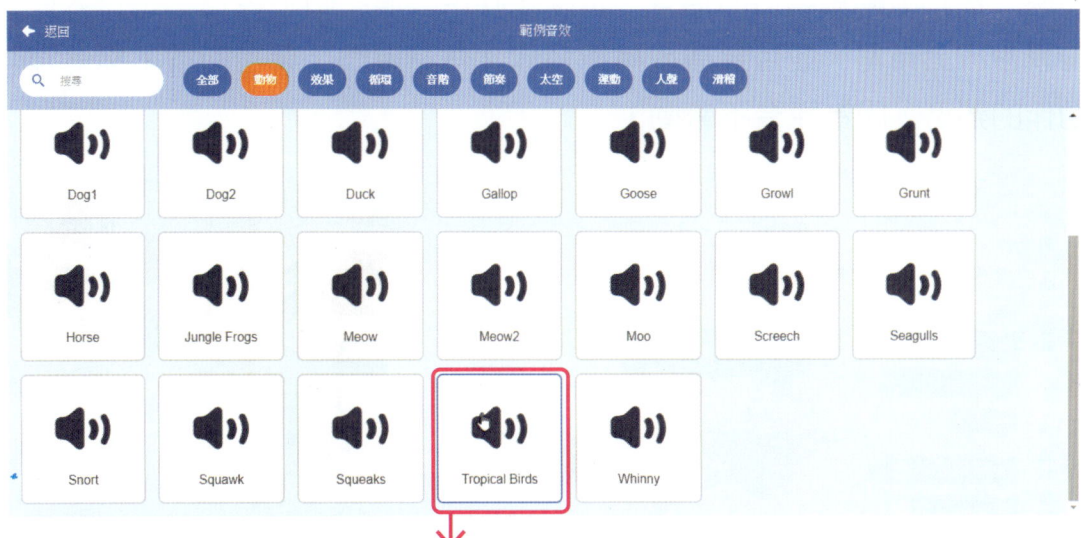

農場的背景要營造清晨一些嘰嘰喳喳鳥叫的感覺，所以找到「Tropical Birds」音效來使用，您也可以選擇自己想用的背景音效。

2 用 Scratch 3.0 創作故事動畫及互動遊戲

step 2 介紹音效的編輯區：

「裁剪」剪輯音效區段

「PLAY」試聽目前的音效狀況

「快播」讓音效變快
「慢播」讓音效變慢
「回音」要有山洞回音效果
「機器」改成類似機器發出的音效
「響亮」讓音效更響亮
「輕柔」讓音效更柔和
「反轉」把音效反過來播放

step 3 切換到程式區編寫舞台的指令，想像您就是導演，吩咐後台的工作人員要幫舞台放上布幕，並且要播放背景音效。有發現嗎？舞台的積木指令沒有動作的類型，因為舞台不會動！

動畫創作 - 喜樂農場 **2**

養成好習慣,盡可能做好一開始的定義,這是強制指定一開始的背景要使用「Farm」。

step 4 這裡使用到「重複無限次」的積木指令,當程式從上往下的順序執行到這裡時,它就會一直重複執行框住範圍內的指令。

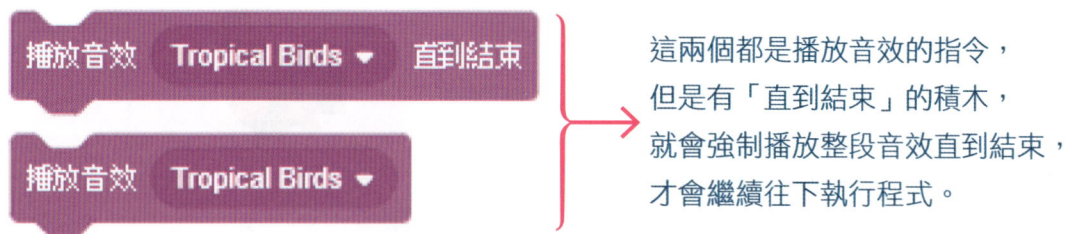

這兩個都是播放音效的指令,但是有「直到結束」的積木,就會強制播放整段音效直到結束,才會繼續往下執行程式。

點擊「紅點」即可停止程式。

點擊「綠旗」就可以播放目前的程式,是不是已經聽到舞台有背景音效了呢?

2-3 角色造型更換

 step 1

① 新增第一個角色,將角色名字改為「公雞」,然後用滑鼠把公雞拉到雞舍屋頂上。

② 可是公雞的尾巴羽毛與背景樹的顏色相同,因此我們把雞尾的顏色做點改變。

③ 打開公雞的「造型區」活頁

④ 點選「填滿」調整自己喜歡的顏色,然後用滑鼠左鍵點一下要填色的區域。

step 2 公雞角色的造型有內建三款「rooster-a」「rooster-b」「rooster-c」每個造型的雞尾顏色都要調整。

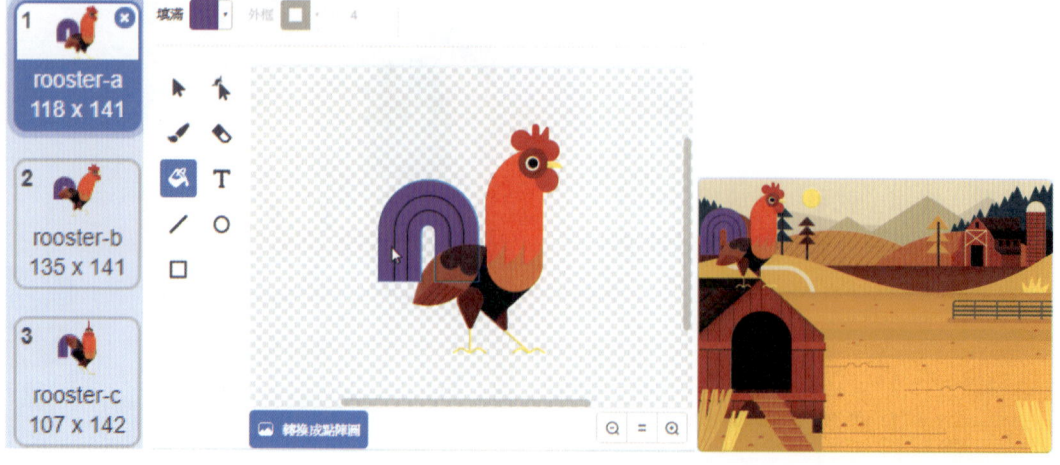

動畫創作 - 喜樂農場 **2**

step 3 切換到程式區，寫角色的程式同樣也要有好習慣，較常見的是定義是否「顯示」以及指定「造型」。

當 🏁 被點擊
顯示
造型換成 rooster-a
說出 大家早！這裡是喜樂農場。 持續 2 秒 → 有持續 N 秒的積木會在說完話 N 秒消失對話的畫面。
說出 時間不早了，我要上工了！ 持續 2 秒
造型換成 rooster-c → 公雞的造型更換，讓他看起來像是講完話後轉個頭，準備啼叫。
等待 1 秒
重複 3 次 → 重複 3 次啼叫動作的變化，搭配放入啼叫的音效。
　造型換成 rooster-b
　播放音效 rooster 直到結束
　等待 0.5 秒
　造型換成 rooster-a
　等待 0.5 秒
廣播訊息 天亮了

畫面呈現

時間不早了，我要上工了！

2-4 廣播訊息

step 1 前一頁公雞程式的結尾有一個比較特別的積木是「廣播訊息」，先從事件類指令找到廣播訊息，點擊新的訊息名稱設為「天亮了」。

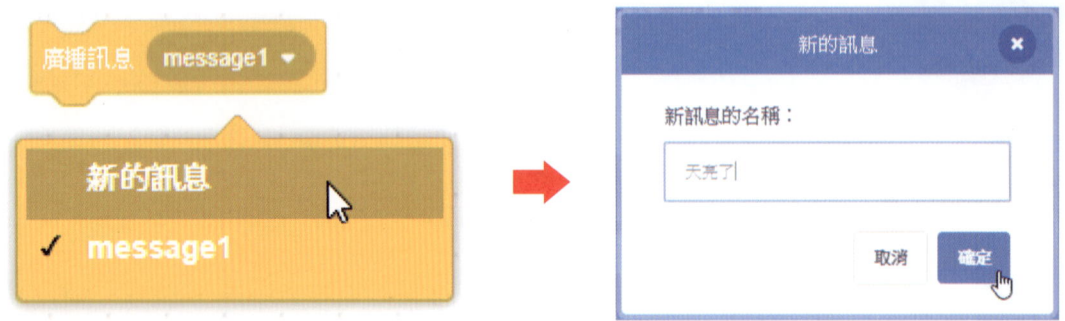

step 2 「公雞」角色的動作與台詞都完成了，因此用「廣播訊息 - 天亮了」來知會其他演員該上場演戲了！

廣播訊息的指令中有「並等待」字樣的差別是廣播者必須等待接收者反應後，才能繼續往下面的指令運行，可讓廣播者與接收廣播者同步運行。
在這個範例並不需要讓其他角色同步。

step 3 請建立一個新的兔子角色，並改名字為「彼得兔」，因為這是老師家的兔子名字。

加入的時候兔子可能太大隻，請調整「尺寸」的值為 40。

動畫創作 - 喜樂農場 **2**

step 4
「彼得兔」是一隻咖啡色的兔子，因此內建的白色需要修改一下，請您再練習一下造型顏色調整的技巧。有五個造型都要修改喔！

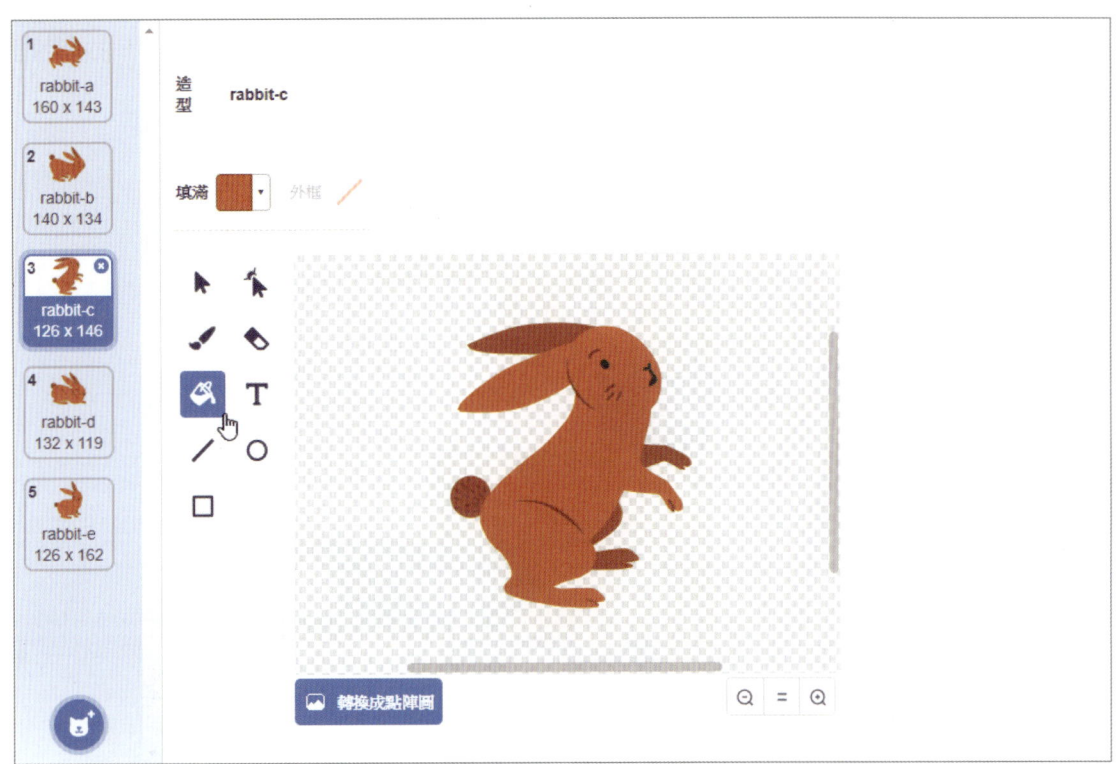

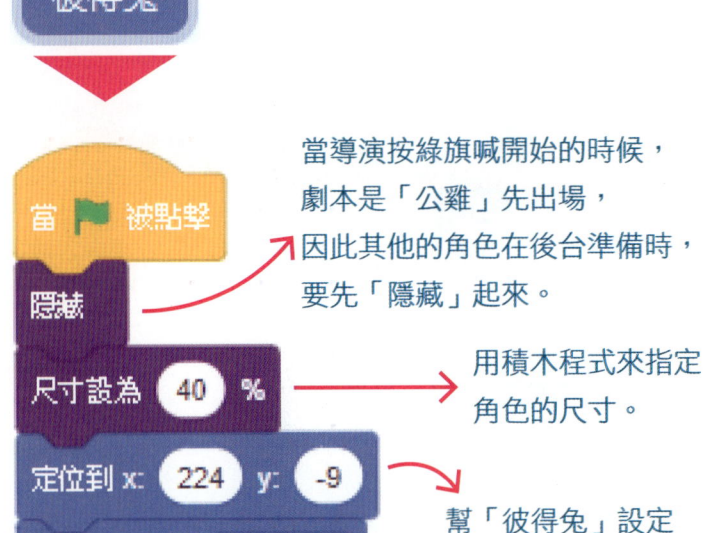

當導演按綠旗喊開始的時候，劇本是「公雞」先出場，因此其他的角色在後台準備時，要先「隱藏」起來。

用積木程式來指定角色的尺寸。

幫「彼得兔」設定待會出場站的位置。

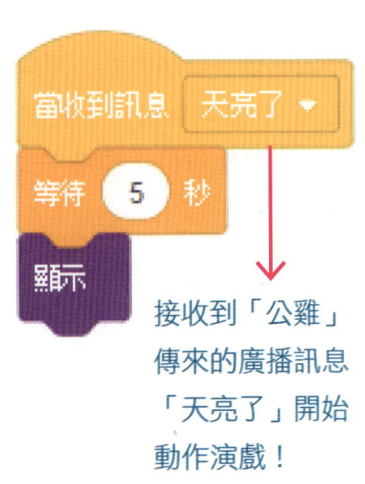

接收到「公雞」傳來的廣播訊息「天亮了」開始動作演戲！

2-5　迴轉方式及方向角度

　　角色的迴轉方式如果不去特別設定，其內定值是「不設限」，我們希望「彼得兔」左右來回跑，而且要一直變換造型。

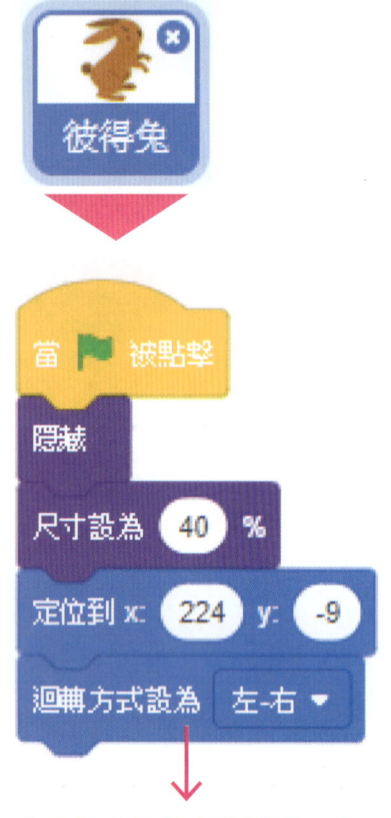

方向角度的內定值是「90度」朝右邊，如果想要讓角色面朝左邊，就必須轉到「-90度」，可是如不變更迴轉方式，那角色面朝 -90度時就會上下顛倒。解決方案就是角色「迴轉方式設為左-右」。

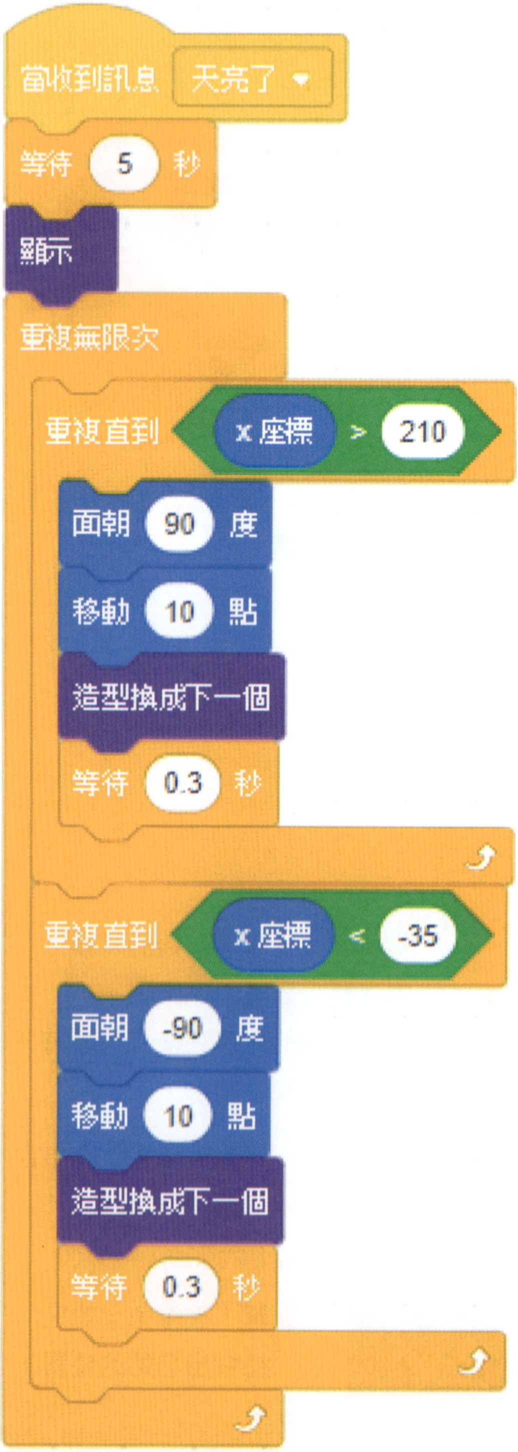

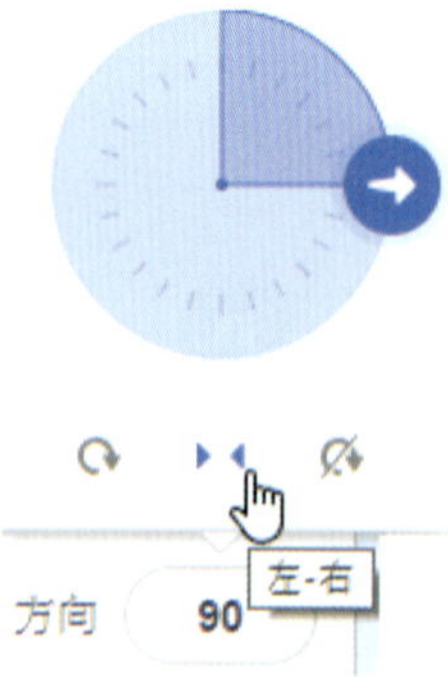

以下整理「迴轉方式」與「方向」設定不同時，角色所呈現的狀態。

| 方向 90 | 方向 -90 |

2-6 重複迴圈

計次迴圈：需要固定幾次執行迴圈內的指令，到達次數後脫離迴圈。

無窮迴圈：無限次數的執行迴圈內的指令，無法脫離迴圈。

條件式迴圈：重複的執行迴圈內的指令，直到條件成立才可以脫離迴圈。

2-7 條件式

step 1 可以用來作為條件的積木指令整理如下，簡單講只要是六角形的積木就可運用作為條件。

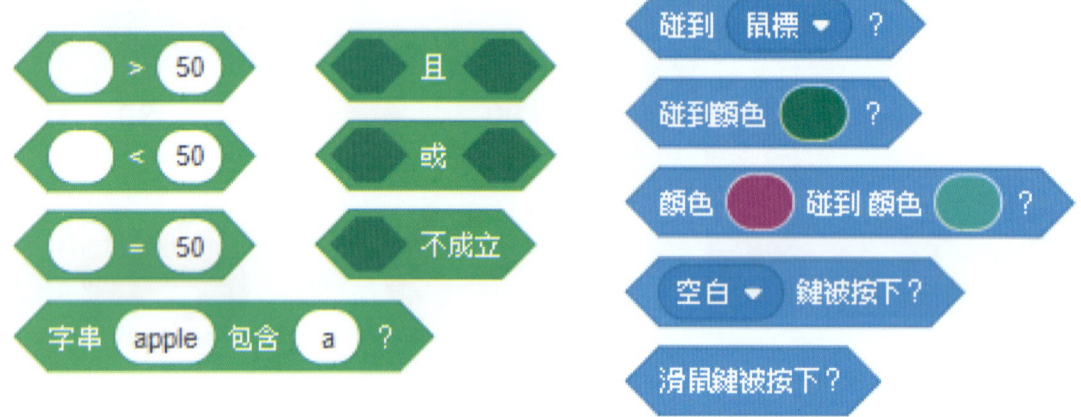

step 2 回到「彼得兔」的程式，我們有幫他定義出場位置，然後希望他往左跑，直到屋子之前折返，往右跑到舞台邊界之前再折返，如此不斷的重複，因此需要使用到重複功能的積木。

「彼得兔」只有左右方向變動，並無上下方向的改變，所以意思是只有改變控制左右方向的 x 座標在改變。

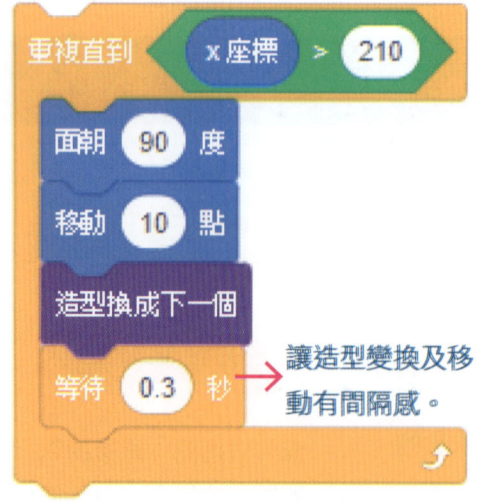

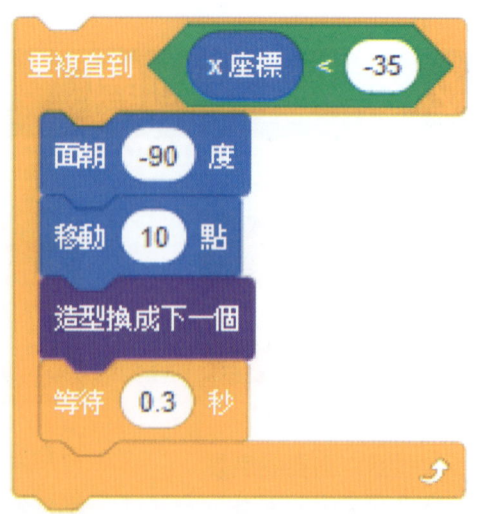

面朝右的方向移動，並改變造型，重複直到X座標快到達邊界的位置離開迴圈。

面朝左的方向移動，並改變造型，重複直到X座標快到達屋子的位置離開迴圈。

動畫創作 - 喜樂農場 **2**

2-8　圖像效果

請加入一個新角色並更名為「母雞」，將位置放在雞舍裡面。

使用圖像效果「幻影」，設定初始值為「100」使「母雞」一開始顯示時仍然呈現透明，間隔10次讓「母雞」慢慢從漆黑的雞舍顯現出來，因此用「重複10次」的迴圈積木，讓圖像效果「幻影」每次改變「-10」，當圖像效果「幻影」值到達0的時候，「母雞」就完全顯現。

畫面呈現

| 圖像效果 顏色 ▼ 設為 0 | 圖像效果「顏色」的範圍是1～200，0 是原本顏色。 |

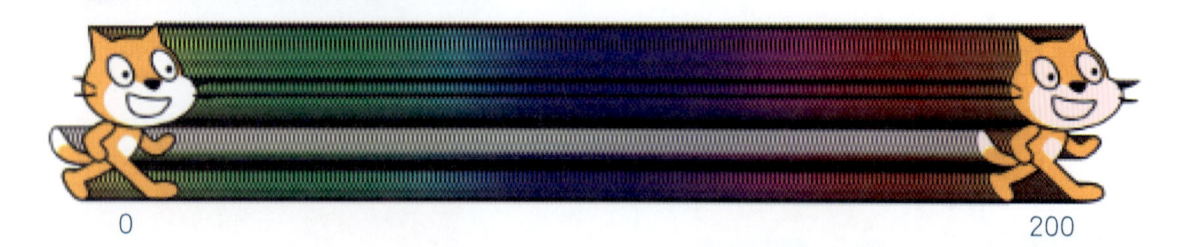

0　　　　　　　　　　　　　　　　　　200

| 圖像效果 魚眼 ▼ 設為 0 | 圖像效果「魚眼」沒有特定範圍，可以輸入正負值。 |

-50　　　-25　　　0　　　25　　　50

| 圖像效果 漩渦 ▼ 設為 0 | 圖像效果「漩渦」沒有特定範圍，可以輸入正負值。 |

-200　　　-100　　　0　　　100　　　200

| 圖像效果 像素化 ▼ 設為 0 | 圖像效果「像素化」沒有特定範圍，可以輸入正負值。 |

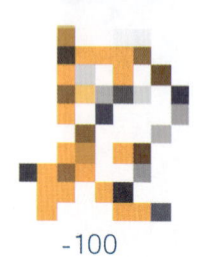

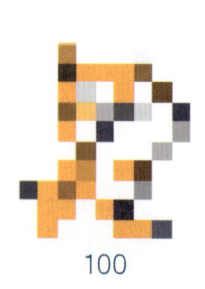

-100　　　-50　　　0　　　50　　　100

動畫創作 - 喜樂農場 **2**

圖像效果「馬賽克」沒有特定範圍，可以輸入正負值。

-50　　-25　　0　　25　　50

圖像效果「亮度」範圍是-100～100，0是原本亮度。

-100　　-50　　0　　50　　100

圖像效果「幻影」的範圍是0～100，0是原本狀態，100 角色會完全透明。

0　　25　　50　　75　　100

圖像效果要還原到原本狀態，可以使用這個「圖像效果清除」積木指令。

2-9 造型新增及向量圖

step 1 本動畫的主角 Joy 該出場了！請新增一個角色，並更名為「Joy」。

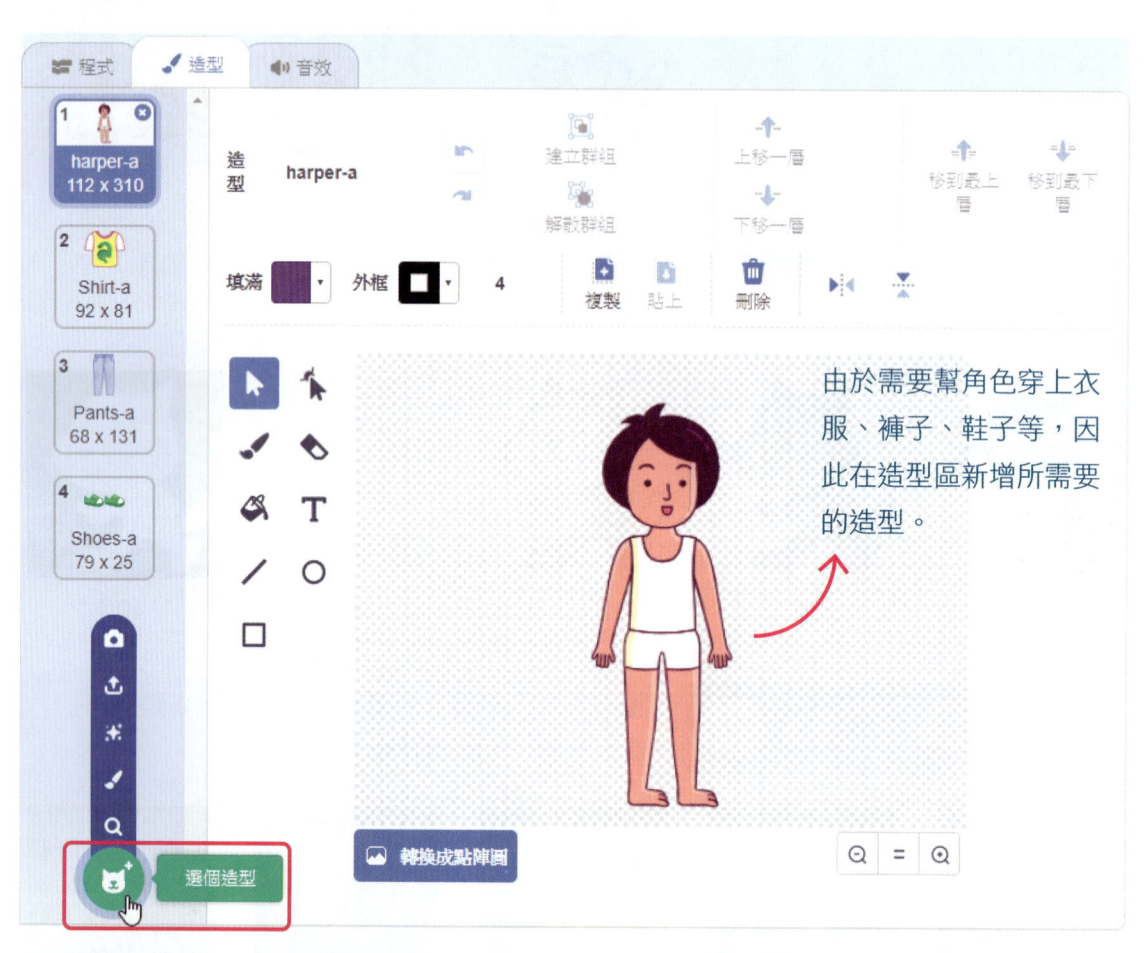

由於需要幫角色穿上衣服、褲子、鞋子等，因此在造型區新增所需要的造型。

step 2 先點選上衣，用「選取」工具將上衣整個框選，然後點一下「複製」。

①用「選取」工具將上衣整個框選。

②點一下「複製」。

動畫創作 - 喜樂農場

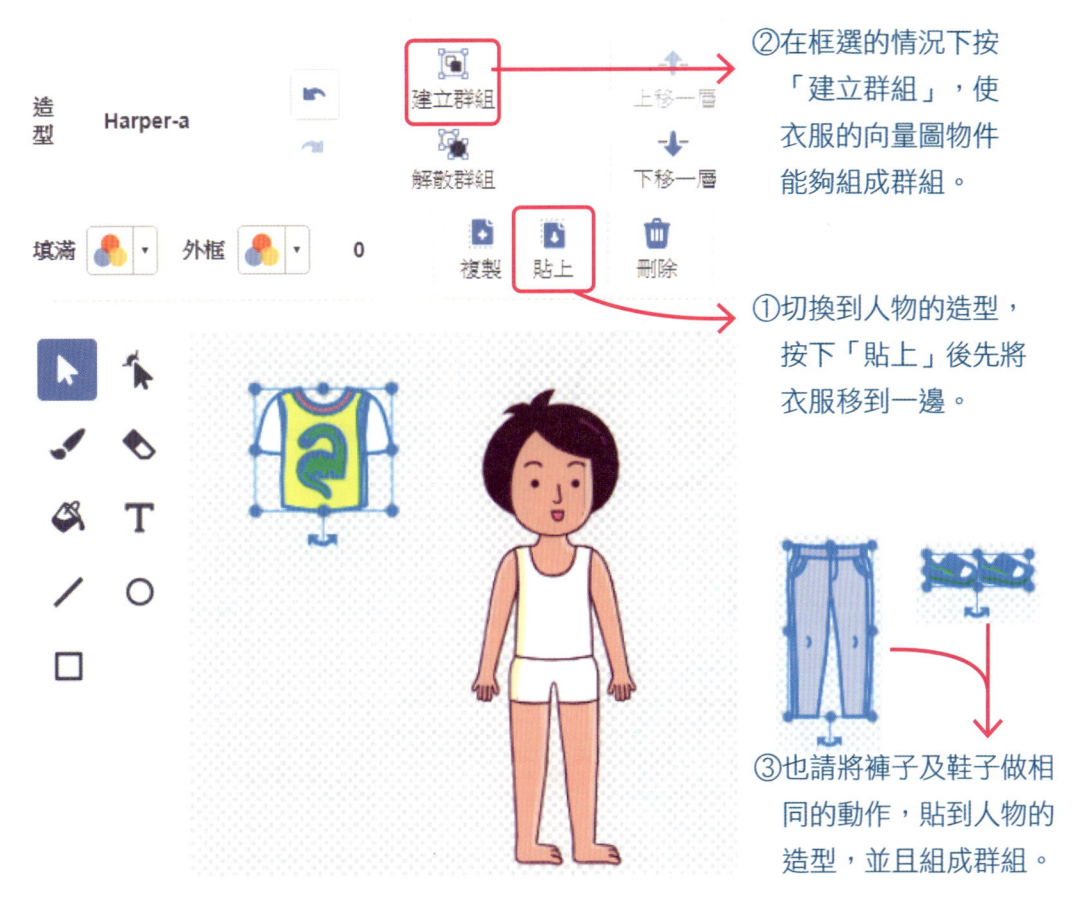

②在框選的情況下按「建立群組」，使衣服的向量圖物件能夠組成群組。

①切換到人物的造型，按下「貼上」後先將衣服移到一邊。

③也請將褲子及鞋子做相同的動作，貼到人物的造型，並且組成群組。

step 3 把衣服、褲子、鞋子拉到人物的身上，使用「上移一層」及「下移一層」的工具來調整物件圖層的先後順序，調整至看起來順眼的位置。

Scratch 內建圖樣大部分是「向量圖」，向量圖的優點是放大縮小都不會產生鋸齒狀，使用的顏色也不會失真，物件就好比紙張，具有層次感可以疊放，放大及縮小也比較容易處理，強烈推薦繪圖使用向量圖模式。

我們剛才使用的「建立群組」就是要把路徑、物件等先黏在一起好像變成一張紙，也就是在同一圖層，要移動或者疊放順序比較好操作。

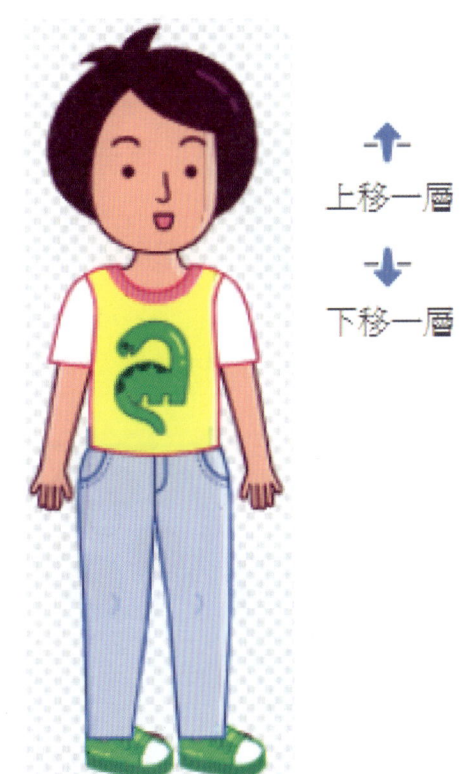

2 用 Scratch 3.0 創作故事動畫及互動遊戲

step 4 接著我們打算讓「Joy」出場時是提著飼料桶，目的是要餵雞吃飼料，因此在「造型區」中再增加一個水桶及一個飼料樣子的造型。

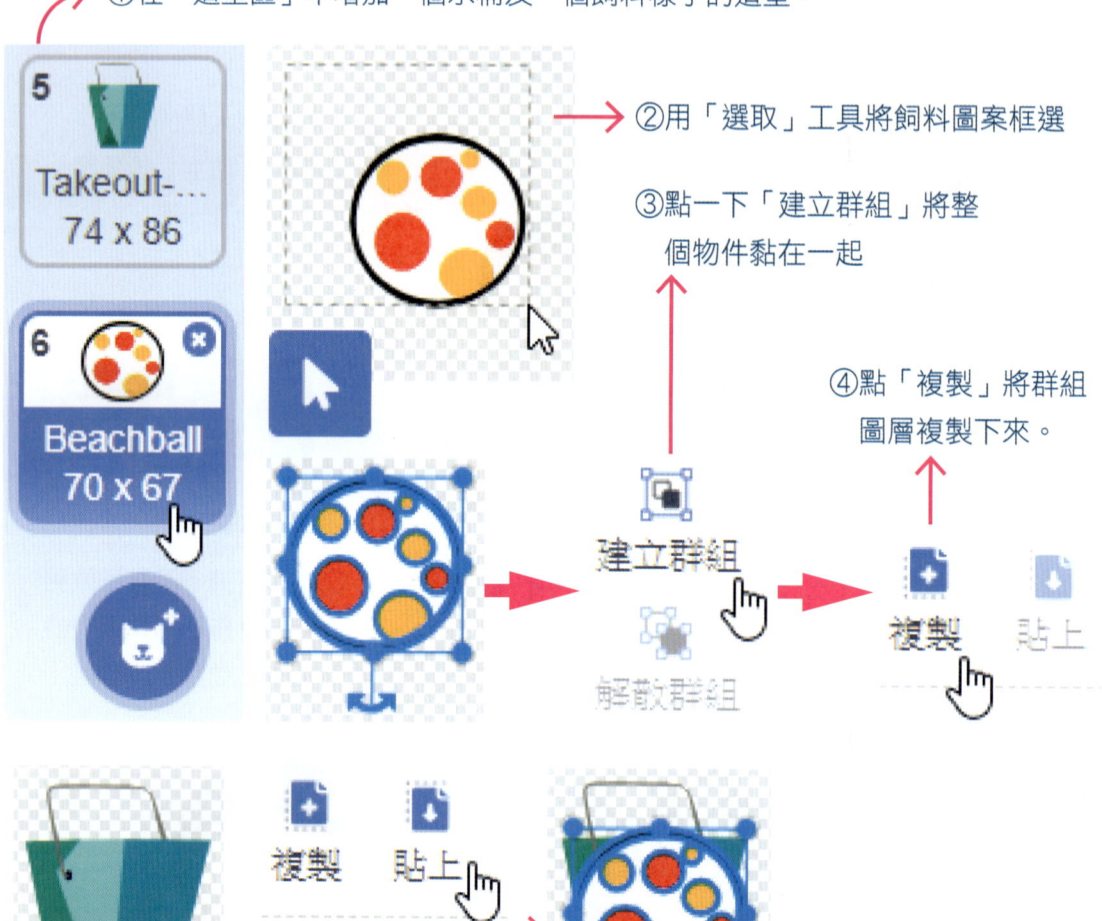

①在「造型區」中增加一個水桶及一個飼料樣子的造型。

②用「選取」工具將飼料圖案框選

③點一下「建立群組」將整個物件黏在一起

④點「複製」將群組圖層複製下來。

step 5

①把剛剛複製的飼料貼上。

②貼上後把飼料拉開，目前飼料看起來比例太大，所以要縮小。

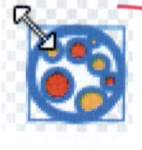

③選取圖案後，抓住任何一角往內拉即可縮小，往外拉就會放大。

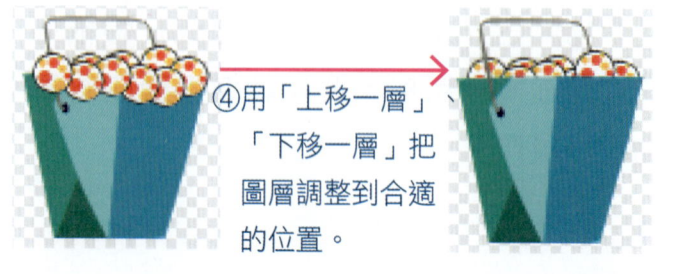

④用「上移一層」、「下移一層」把圖層調整到合適的位置。

動畫創作 - 喜樂農場 **2**

step 6

請再把水桶裝滿飼料的造型群組起來，然後複製貼到人物造型，讓「Joy」手拿飼料桶。

我們還需要幫「Joy」準備兩個造型，讓她待會出場走到定位後，有撒飼料餵雞的動作。先幫這個造型命名為「Joy-a」，然後在這個造型上按下滑鼠右鍵，出現複製選單，按下複製，即可在造型區複製一個完全一樣的造型，我們對這個複製造型修改造型名稱為「Joy-b」。

按下複製，在造型區複製一個一樣的造型，修改複製造型的造型名稱為「Joy-b」

step 7

進去修改 Joy-b 的造型，點選手臂的圖層，出現調整用的藍色點與弧線，拉動弧線可以使手臂旋轉角度，調整到想擺放的位置，可是圖層怎麼調整就是無法單純的使袖子遮住手臂，因此需要把衣服的群組做「解散群組」，才能夠單獨調整袖子。

2 用 Scratch 3.0 創作故事動畫及互動遊戲

造形設計

```
1  Joy-a
   147 x 314

2  Joy-b
   94 x 314

3  Joy-c
   141 x 314
```

Joy-a　　　Joy-b　　　Joy-c

使用前面所教的造型新增及向量圖處理方式，幫角色「Joy」完成造型「Joy-a」、「Joy-b」、「Joy-c」，使後續寫程式時可以使用上。

2-10　造型中心

當我們在製作調整造型過程中，無論是向量圖或點陣圖，難免會去移動到造型的中心位置，致使角色在舞台的位置變成怪怪的，因此需要把造型的中心位置修正。

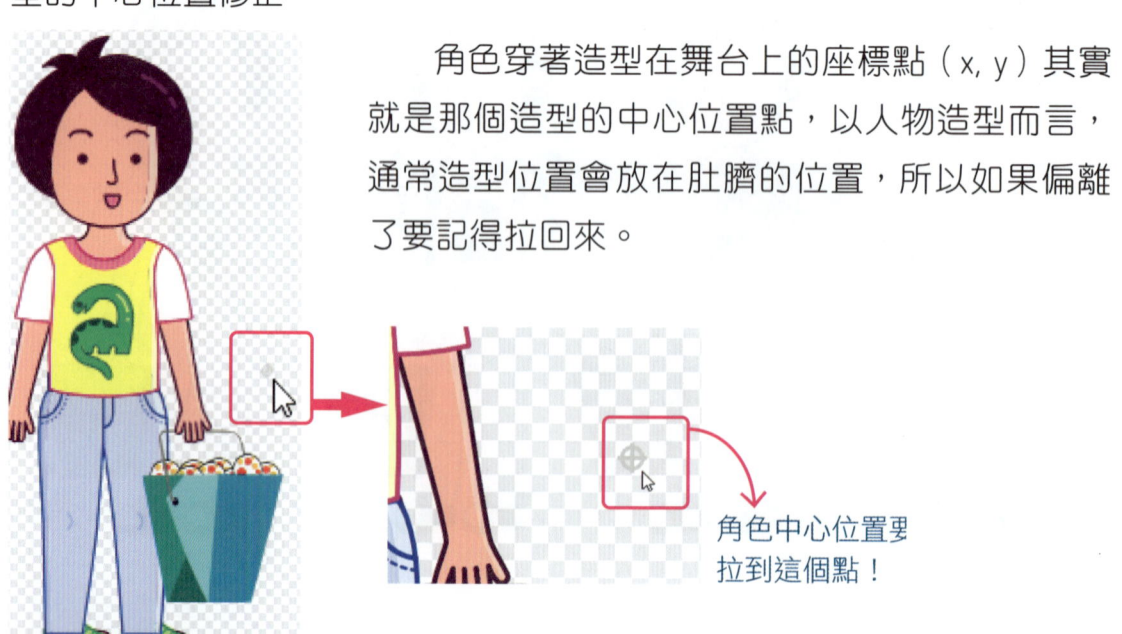

角色穿著造型在舞台上的座標點（x, y）其實就是那個造型的中心位置點，以人物造型而言，通常造型位置會放在肚臍的位置，所以如果偏離了要記得拉回來。

角色中心位置要拉到這個點！

動畫創作 - 喜樂農場 **2**

2-11 角色邊走邊縮放

畫面呈現

Joy

當 🏁 被點擊
定位到 x: 137 y: 80
迴轉方式設為 左-右
面朝 -90 度
尺寸設為 10 %
造型換成 Joy-a
隱藏

我們希望「公雞」啼叫三聲後,要讓角色「Joy」出場,從農舍門口走路到上圖半透明的第一預定位置後,再往下方走到第二預定位置停下來,然後自我介紹一下,開始撒飼料。

→ 把開始的尺寸設定成原尺寸的10%,使人物的高度看起來可以進出農舍。

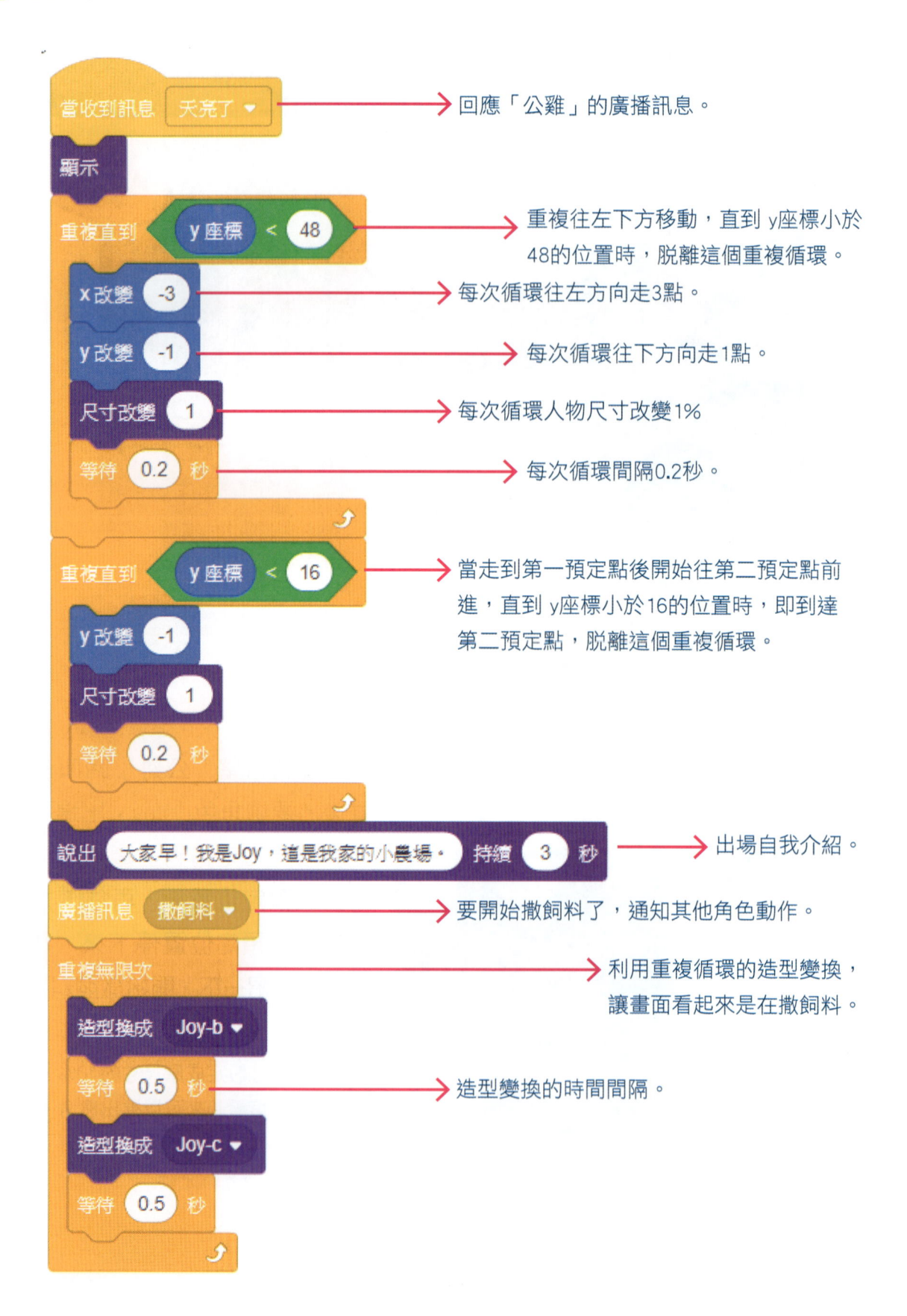

2 用 Scratch 3.0 創作故事動畫及互動遊戲

- 當收到訊息 天亮了 → 回應「公雞」的廣播訊息。
- 顯示
- 重複直到 y座標 < 48 → 重複往左下方移動，直到 y座標小於 48的位置時，脫離這個重複循環。
  - x改變 -3 → 每次循環往左方向走3點。
  - y改變 -1 → 每次循環往下方向走1點。
  - 尺寸改變 1 → 每次循環人物尺寸改變1%
  - 等待 0.2 秒 → 每次循環間隔0.2秒。
- 重複直到 y座標 < 16 → 當走到第一預定點後開始往第二預定點前進，直到 y座標小於16的位置時，即到達第二預定點，脫離這個重複循環。
  - y改變 -1
  - 尺寸改變 1
  - 等待 0.2 秒
- 說出 大家早！我是Joy，這是我家的小農場。 持續 3 秒 → 出場自我介紹。
- 廣播訊息 撒飼料 → 要開始撒飼料了，通知其他角色動作。
- 重複無限次 → 利用重複循環的造型變換，讓畫面看起來是在撒飼料。
  - 造型換成 Joy-b
  - 等待 0.5 秒 → 造型變換的時間間隔。
  - 造型換成 Joy-c
  - 等待 0.5 秒

2-12　角色之間的圖層

step 1　主要的主角「Joy」已經出場，農場只有幾隻動物不夠熱鬧，再幫忙多加入一些角色。

小雞1

當 ▶ 被點擊
面朝 90 度
造型換成 chick-a
尺寸設為 60 %
定位到 x: -140 y: -81
迴轉方式設為 左-右
隱藏

當收到訊息 天亮了
等待 9 秒
顯示
圖像效果 幻影 設為 100
重複 10 次
　圖像效果 幻影 改變 -10
　等待 0.1 秒

畫面呈現

1 chick-a 64 x 75
2 chick-b 61 x 75
3 chick-c 64 x 62

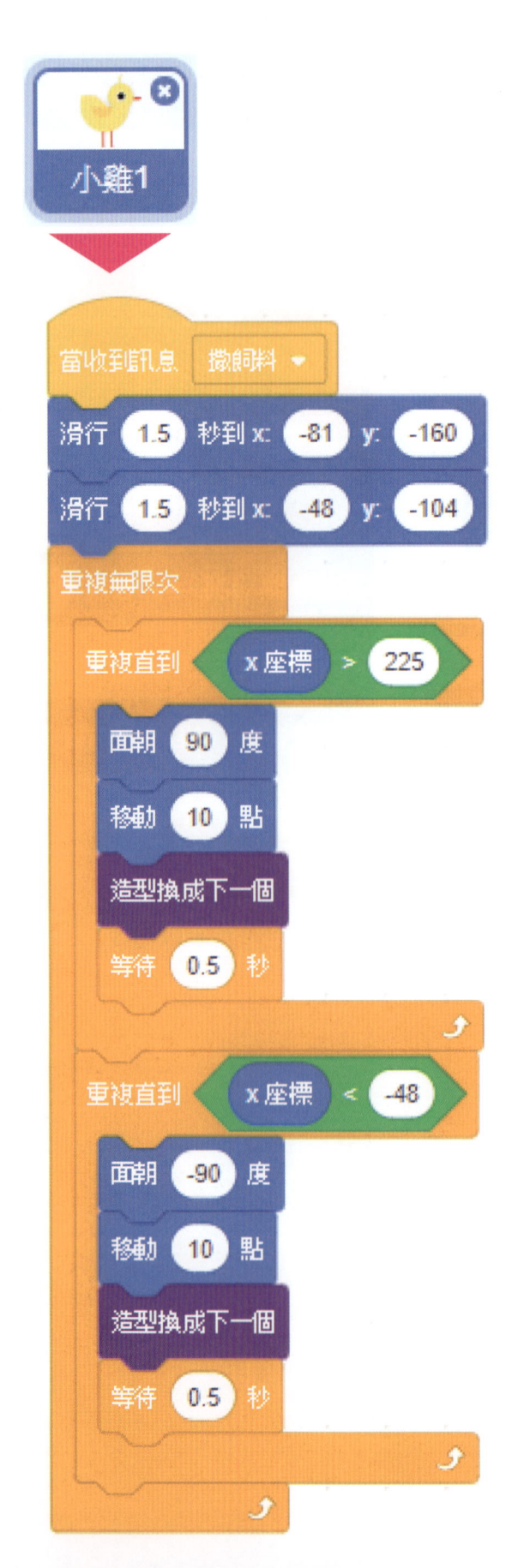

2 用 Scratch 3.0 創作故事動畫及互動遊戲

小雞1

當收到訊息 撒飼料 ▼

滑行 1.5 秒到 x: -81 y: -160

滑行 1.5 秒到 x: -48 y: -104

重複無限次
　重複直到　x 座標 > 225
　　面朝 90 度
　　移動 10 點
　　造型換成下一個
　　等待 0.5 秒

　重複直到　x 座標 < -48
　　面朝 -90 度
　　移動 10 點
　　造型換成下一個
　　等待 0.5 秒

step 2

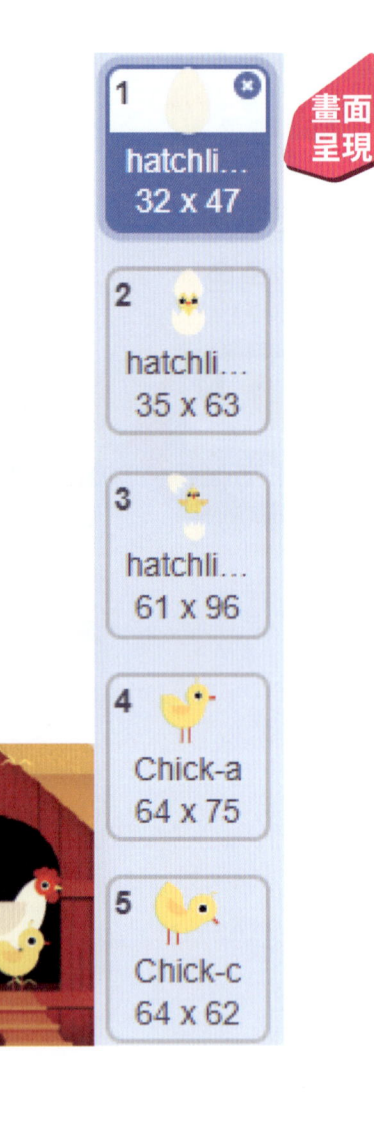

畫面呈現

1. hatchli... 32 x 47
2. hatchli... 35 x 63
3. hatchli... 61 x 96
4. Chick-a 64 x 75
5. Chick-c 64 x 62

動畫創作 - 喜樂農場 2

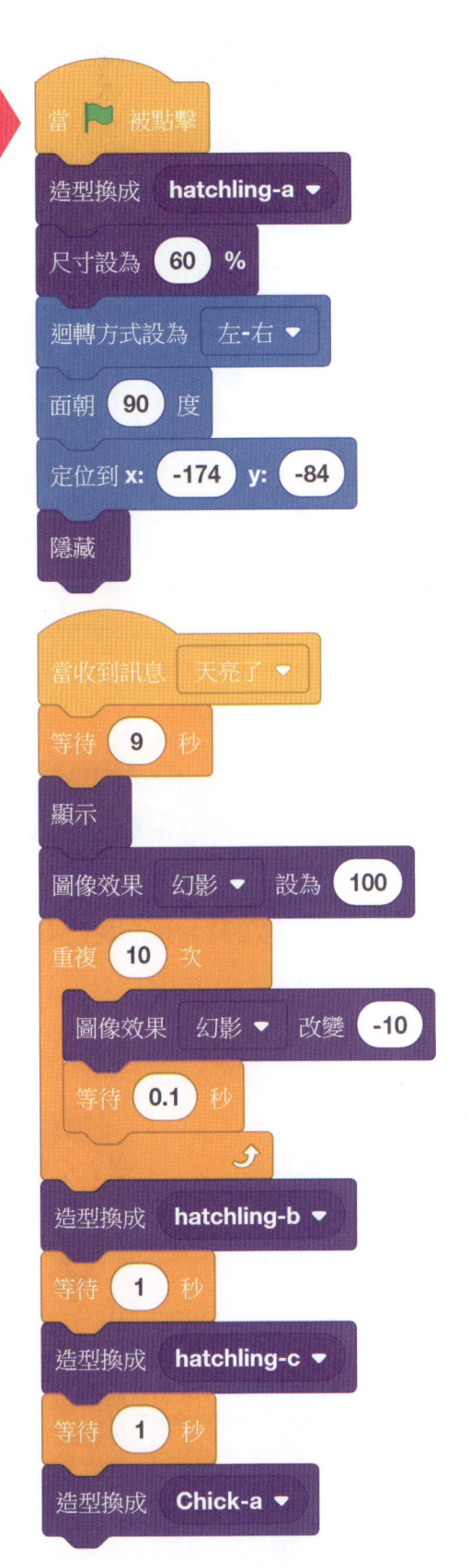

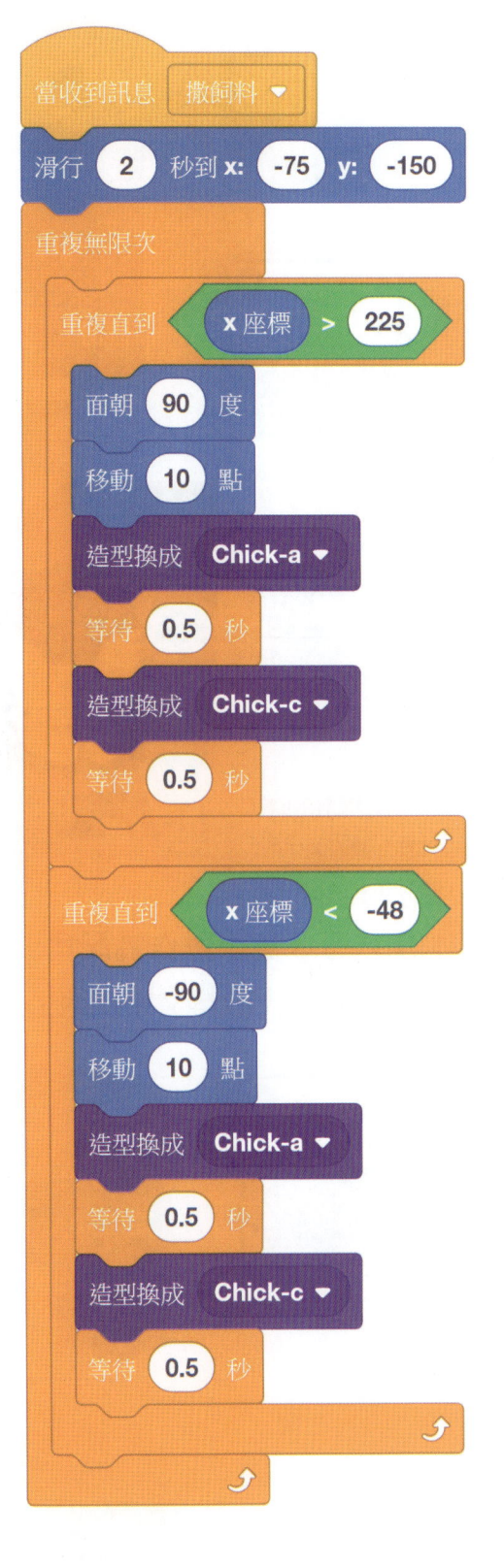

小雞2

當 ▶ 被點擊
- 造型換成 hatchling-a
- 尺寸設為 60 %
- 迴轉方式設為 左-右
- 面朝 90 度
- 定位到 x: -174 y: -84
- 隱藏

當收到訊息 天亮了
- 等待 9 秒
- 顯示
- 圖像效果 幻影 設為 100
- 重複 10 次
  - 圖像效果 幻影 改變 -10
  - 等待 0.1 秒
- 造型換成 hatchling-b
- 等待 1 秒
- 造型換成 hatchling-c
- 等待 1 秒
- 造型換成 Chick-a

當收到訊息 撒飼料
- 滑行 2 秒到 x: -75 y: -150
- 重複無限次
  - 重複直到 x 座標 > 225
    - 面朝 90 度
    - 移動 10 點
    - 造型換成 Chick-a
    - 等待 0.5 秒
    - 造型換成 Chick-c
    - 等待 0.5 秒
  - 重複直到 x 座標 < -48
    - 面朝 -90 度
    - 移動 10 點
    - 造型換成 Chick-a
    - 等待 0.5 秒
    - 造型換成 Chick-c
    - 等待 0.5 秒

2 用 Scratch 3.0 創作故事動畫及互動遊戲

step 3

小雞3

hatchlin... 25 x 36

hatchlin... 27 x 49

hatchling-c 47 x 74

當 ▶ 被點擊
定位到 x: -153 y: -85
尺寸設為 60 %
隱藏

當收到訊息 天亮了
等待 9 秒
顯示
圖像效果 幻影 設為 100
重複 10 次
　圖像效果 幻影 改變 -10
　等待 0.1 秒
等待 5 秒
造型換成 hatchling-b

畫面呈現

step 4 加入了 3 隻小雞作為配角，要等到「Joy」撒飼料後，走出來吃飼料。因此要新增「飼料」撒在地上的角色。

飼料

當 ▶ 被點擊
定位到 x: 114 y: -103
隱藏

當收到訊息 撒飼料
顯示

Beachball 61 x 50

畫面呈現

動畫創作 - 喜樂農場　2

step 5 老師家中的狗名字叫做「Lucky」，所以更改角色名字。

Lucky

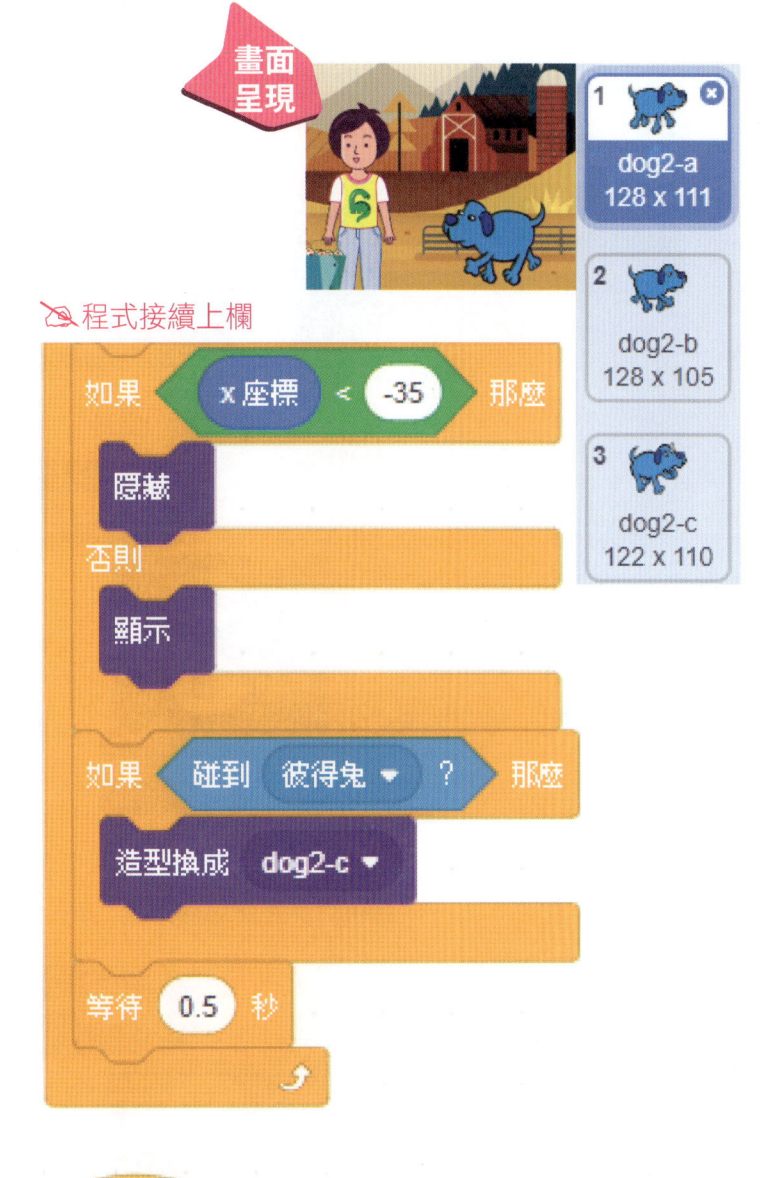

程式接續上欄 ↗

當收到訊息 天亮了
等待 10 秒
顯示
重複無限次
　造型換成 dog2-a
　迴轉方式設為 左-右
　移動 10 點
　碰到邊緣就反彈
　等待 0.1 秒
　造型換成 dog2-b
　迴轉方式設為 左-右
　移動 10 點
　碰到邊緣就反彈
　等待 0.1 秒

↙ 程式續接下欄

如果 x 座標 < -35 那麼
　隱藏
否則
　顯示

如果 碰到 彼得兔 ? 那麼
　造型換成 dog2-c

等待 0.5 秒

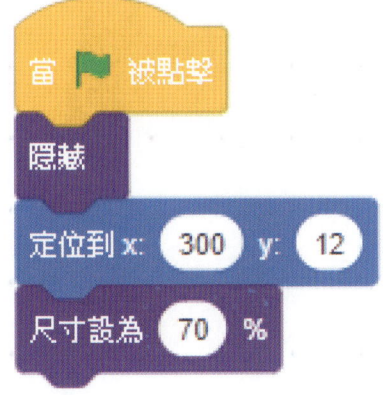

當 ▶ 被點擊
隱藏
定位到 x: 300 y: 12
尺寸設為 70 %

畫面呈現

1　dog2-a　128 x 111
2　dog2-b　128 x 105
3　dog2-c　122 x 110

2 用 Scratch 3.0 創作故事動畫及互動遊戲

step 6 「母雞」接收到「Joy」撒飼料的廣播訊息，也要離開雞舍出來吃飼料，所以要再增加這段積木指令。

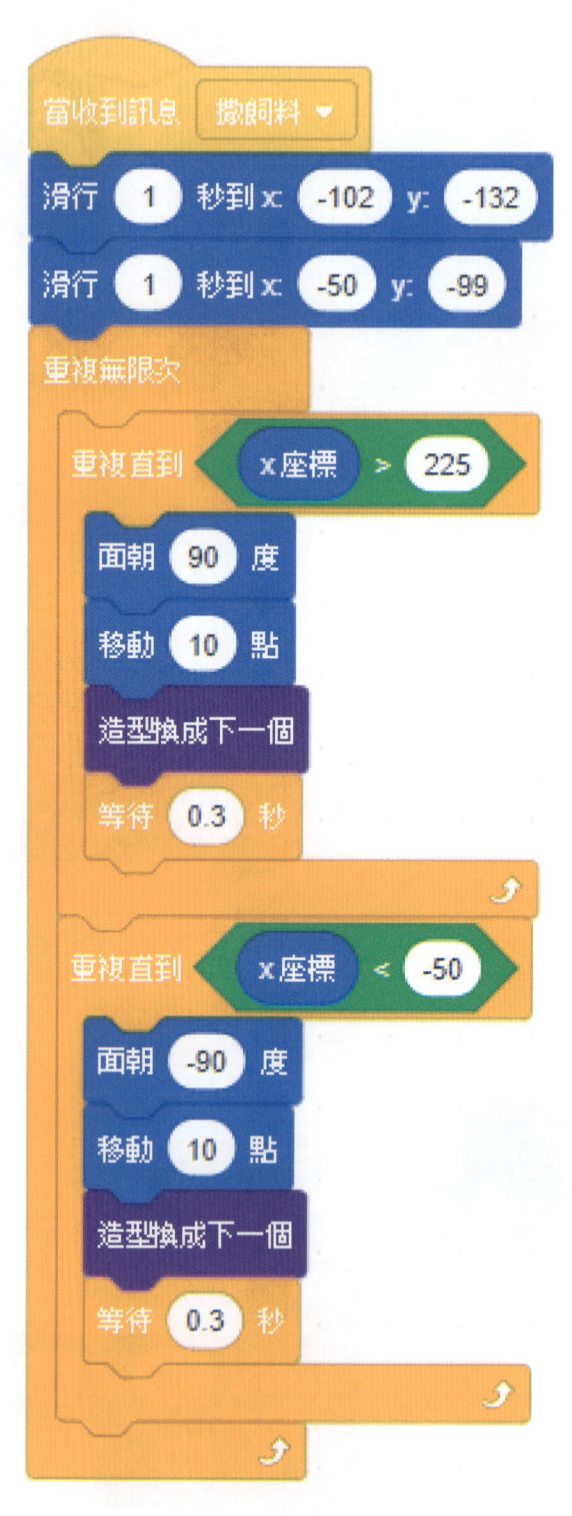

```
母雞

當收到訊息 撒飼料
滑行 1 秒到 x: -102 y: -132
滑行 1 秒到 x: -50 y: -99
重複無限次
    重複直到  x座標 > 225
        面朝 90 度
        移動 10 點
        造型換成下一個
        等待 0.3 秒
    重複直到  x座標 < -50
        面朝 -90 度
        移動 10 點
        造型換成下一個
        等待 0.3 秒
```

step 7 我們增加了幾個角色進來,現況播放看看會發現好像怪怪的,因為有的角色似乎該到後面的卻搶到前面,像是懸在半空中。

這是角色之間的圖層造成的問題,每個角色就像紙娃娃疊放,因此如果希望把某個角色放在上層,可直接在舞台上用滑鼠抓一下這個角色,那麼最後用滑鼠抓的角色就會放在最上面,重新播放的結果就會改善。

2-13　切換場景

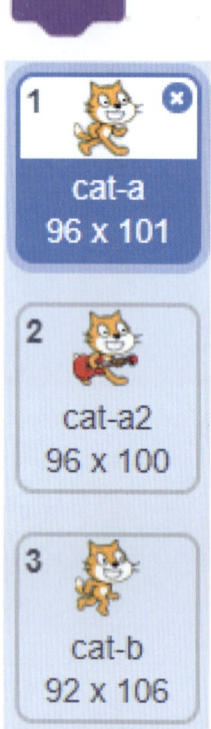

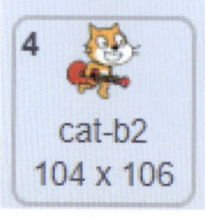

step 1

我們再增加一個角色「橘子」用來作為串場及切換場景與動畫結尾的關鍵角色。

橘子是老師家貓咪的名字，所以角色名字要改一下。

畫面呈現

角色清單：
- 橘子
- cat-a　96 x 101
- cat-a2　96 x 100
- cat-b　92 x 106
- cat-b2　104 x 106

積木程式：

當收到訊息 撒飼料
造型換成 cat-a
等待 8 秒
尺寸設為 350 %
定位到 x: -92 y: -360
顯示
滑行 1 秒到 x: -80 y: -88
說出 感覺這個場景似曾相似呢！ 持續 2 秒
說出 想到了！我彈首歌給您聽聽！ 持續 3 秒
背景換成 Spotlight　→ 呼叫後台工作人員要換場景了！
尺寸設為 100 %
造型換成 cat-a2
滑行 1 秒到 x: 22 y: -17
廣播訊息 彈奏音樂
等待 1 秒
彈奏音樂　→ 函式積木，下一章節說明。
說出 有沒有像 Old MacDonald Had a Farm？ 持續 5 秒
停止 全部

當 ▶ 被點擊
隱藏

動畫創作 - 喜樂農場 **2**

45

step 2 我們需要幫「橘子」增加這三款造型,以及舞台須增加一個背景。

造型設計

cat-a　　　　cat-a2　　　　cat-b2　　　　　　　Spotlight

step 3 「橘子」在前面的積木指令呼叫「背景換成 Spotlight」,此時希望換場景時只留下「橘子」與「Lucky」,其他角色都到後台休息,因此需要增加積木指令,讓這些角色在換背景時隱藏起來。

當背景換成 Spotlight
隱藏

公雞　　彼得兔　　母雞

Joy　　小雞1　　小雞2　　小雞3　　飼料

step 4 剩下來的角色「Lucky」在變換背景時,也需要停止自己正在執行的其他程式,並重新定位位置。

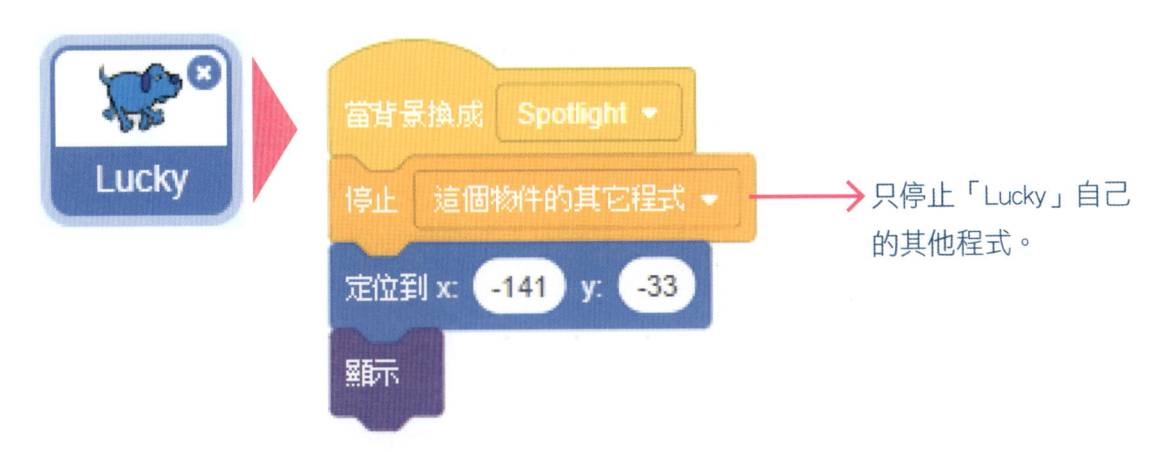

Lucky

當背景換成 Spotlight
停止 這個物件的其它程式 → 只停止「Lucky」自己的其他程式。
定位到 x: -141 y: -33
顯示

2-14　函式積木及添加擴展

step 1 函式積木位於「程式區」的最下方，主要用於將大的程式分解成數個小程式，以簡化大程式的複雜度。

亦可以用於將程式模組化，把經常須重複使用到的長串程式寫成函式積木，省去寫長串相同的程式時間，以及有助於除錯及維護，並讓主程式看起來簡潔。

動畫創作 - 喜樂農場 **2**

step 2 我們要幫「橘子」建立一個函式積木，叫做「彈奏音樂」，按下確定後會在程式區出現積木，以及在工作區會出現另一個「定義 - 彈奏音樂」的積木。

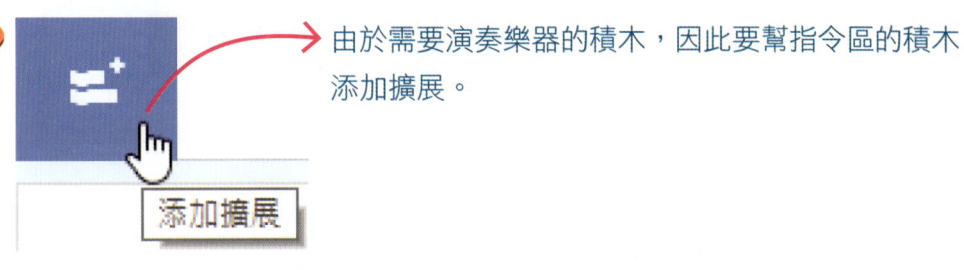

step 3 由於需要演奏樂器的積木，因此要幫指令區的積木添加擴展。

step 4 「程式區」裡的積木就會增加音樂類的積木指令。

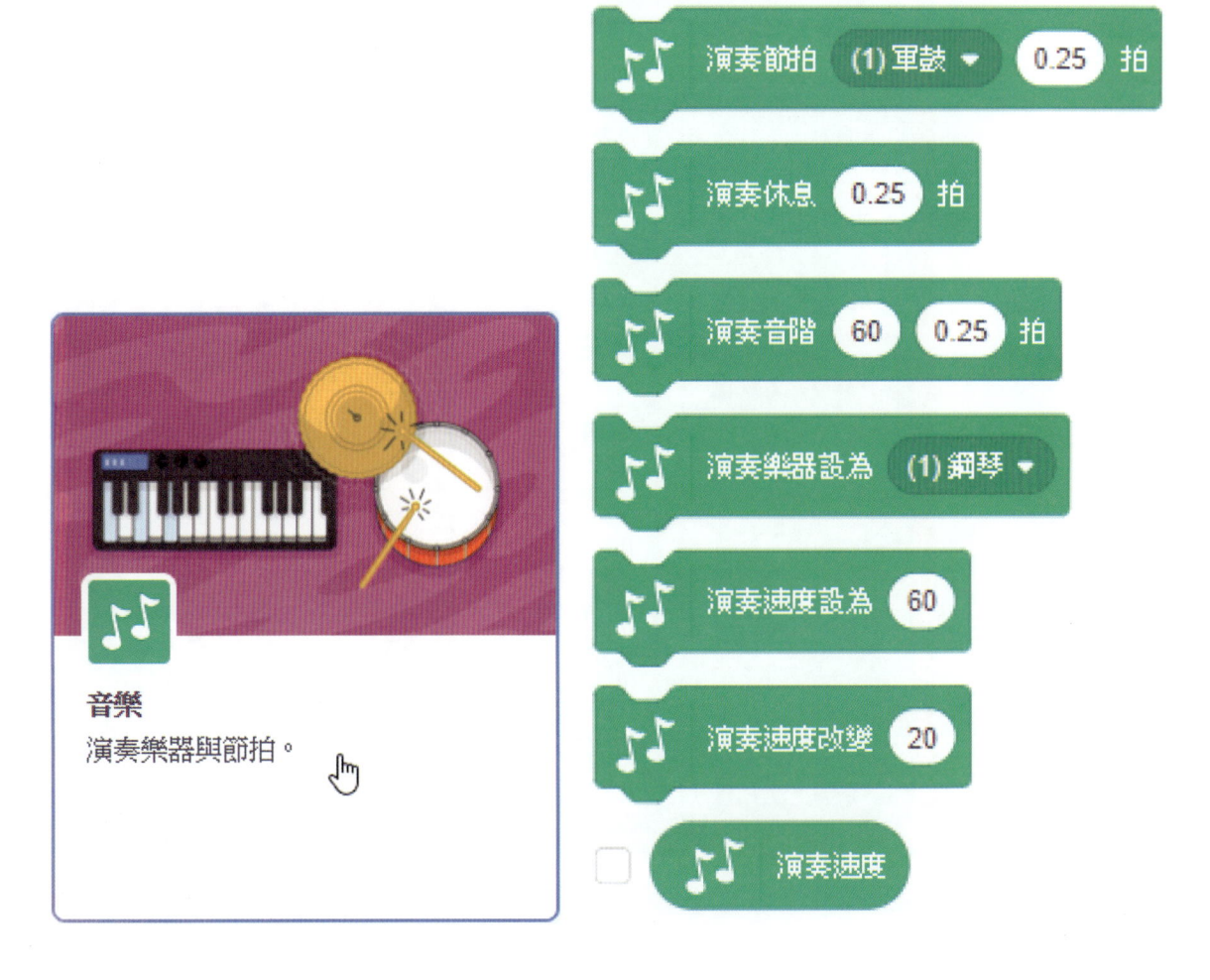

音樂
演奏樂器與節拍。

音樂

演奏節拍 (1)軍鼓 0.25 拍

演奏休息 0.25 拍

演奏音階 60 0.25 拍

演奏樂器設為 (1)鋼琴

演奏速度設為 60

演奏速度改變 20

演奏速度

2 用 Scratch 3.0 創作故事動畫及互動遊戲

step 5 設定演奏的樂器以及演奏的音階和節拍，就可以彈奏出音樂。

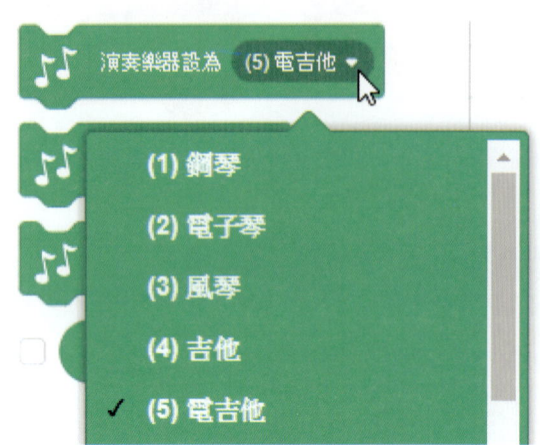

演奏樂器設為 (5) 電吉他

(1) 鋼琴
(2) 電子琴
(3) 風琴
(4) 吉他
✓ (5) 電吉他

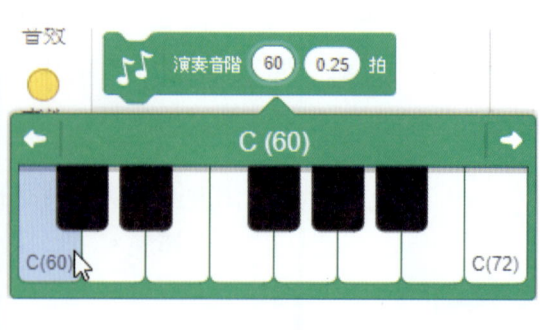

演奏音階 60 0.25 拍

C (60)

C(60)　　　　　　　　　　C(72)

step 6 橘子

定義 彈奏音樂

演奏樂器設為 (5) 電吉他

重複 2 次
　演奏音階 67 0.25 拍
　演奏音階 67 0.25 拍
　演奏音階 67 0.25 拍
　演奏音階 62 0.25 拍
　演奏音階 64 0.25 拍
　演奏音階 64 0.25 拍
　演奏音階 62 0.5 拍
　演奏音階 71 0.25 拍
　演奏音階 71 0.25 拍
　演奏音階 69 0.25 拍

程式續接下欄

程式接續上欄

演奏音階 69 0.25 拍
演奏音階 67 0.75 拍
演奏休息 0.25 拍

演奏音階 62 0.25 拍
演奏音階 67 0.25 拍
演奏音階 67 0.25 拍
演奏音階 67 0.25 拍
演奏音階 62 0.25 拍
演奏音階 67 0.25 拍
演奏音階 67 0.25 拍
演奏休息 0.25 拍
演奏音階 67 0.25 拍

程式續接下欄

動畫創作 - 喜樂農場 **2**

📎 程式接續上欄　　　　　　📎 程式接續上欄

演奏音階	67	0.125	拍
演奏音階	67	0.125	拍
演奏音階	67	0.125	拍
演奏音階	67	0.125	拍
演奏音階	67	0.125	拍
演奏音階	67	0.125	拍
演奏音階	67	0.25	拍
演奏音階	67	0.25	拍
演奏音階	67	0.25	拍
演奏音階	62	0.25	拍
演奏音階	67	0.25	拍
演奏音階	67	0.25	拍
演奏音階	67	0.25	拍
演奏音階	62	0.25	拍

演奏音階	64	0.25	拍
演奏音階	64	0.25	拍
演奏音階	62	0.5	拍
演奏音階	71	0.25	拍
演奏音階	71	0.25	拍
演奏音階	69	0.25	拍
演奏音階	69	0.25	拍
演奏音階	67	1	拍

這就是「橘子」所要彈奏的音樂寫成函式積木。

📎 程式續接下欄

step 7 想要讓「橘子」彈奏音樂的時候能夠同時有搖擺身體的動作，所以使用「廣播訊息 - 彈奏音樂」來產生事件，利用自己接收廣播訊息，來達成使用另一個程式控制身體搖擺的需求。

2 用 Scratch 3.0 創作故事動畫及互動遊戲

當收到訊息 彈奏音樂

重複無限次
　造型換成 cat-b2
　等待 0.5 秒
　造型換成 cat-a2
　等待 0.5 秒

step 8 我們留下「Lucky」在第二個場景的目的是要他幫忙伴奏，因此要幫他設計伴奏的造型。

畫面呈現

造形設計

4 dog2-b2 174 x 124

5 dog2-b3 169 x 122

dog2-b2　　dog2-b3

動畫創作 - 喜樂農場 2

step 9

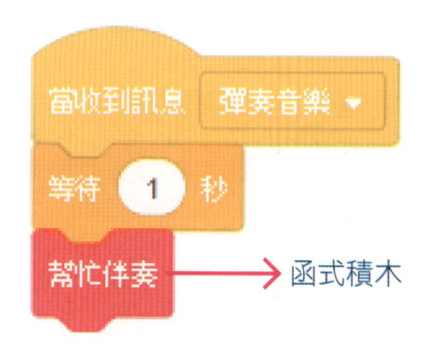

Lucky

當收到訊息 彈奏音樂
重複無限次
　造型換成 dog2-b2
　等待 0.25 秒
　造型換成 dog2-b3
　等待 0.25 秒

當收到訊息 彈奏音樂
等待 1 秒
幫忙伴奏 → 函式積木

定義 幫忙伴奏
重複 2 次
　演奏節拍 (7) 鈴鼓 0.25 拍
　演奏節拍 (7) 鈴鼓 0.25 拍
　演奏節拍 (7) 鈴鼓 0.25 拍
　演奏節拍 (7) 鈴鼓 0.25 拍
　演奏節拍 (7) 鈴鼓 0.25 拍
　演奏節拍 (7) 鈴鼓 0.25 拍
　演奏節拍 (7) 鈴鼓 0.5 拍
　演奏節拍 (7) 鈴鼓 0.25 拍
　演奏節拍 (7) 鈴鼓 0.25 拍

✎ 程式續接下欄

✎ 程式接續上欄

演奏節拍 (7) 鈴鼓 0.25 拍
演奏節拍 (7) 鈴鼓 0.25 拍
演奏節拍 (7) 鈴鼓 0.75 拍
演奏休息 0.25 拍

演奏節拍 (7) 鈴鼓 0.25 拍
演奏節拍 (7) 鈴鼓 0.25 拍
演奏節拍 (7) 鈴鼓 0.25 拍
演奏節拍 (7) 鈴鼓 0.25 拍
演奏節拍 (7) 鈴鼓 0.25 拍

✎ 程式續接下欄

2 用 Scratch 3.0 創作故事動畫及互動遊戲

☞ 程式接續上欄

- 演奏節拍 (7) 鈴鼓 0.25 拍
- 演奏節拍 (7) 鈴鼓 0.25 拍
- 演奏節拍 (7) 鈴鼓 0.25 拍
- 演奏休息 0.25 拍
- 演奏節拍 (7) 鈴鼓 0.25 拍
- 演奏節拍 (7) 鈴鼓 0.125 拍
- 演奏節拍 (7) 鈴鼓 0.125 拍
- 演奏節拍 (7) 鈴鼓 0.125 拍
- 演奏節拍 (7) 鈴鼓 0.125 拍
- 演奏節拍 (7) 鈴鼓 0.125 拍
- 演奏節拍 (7) 鈴鼓 0.125 拍
- 演奏節拍 (7) 鈴鼓 0.25 拍
- 演奏節拍 (7) 鈴鼓 0.25 拍
- 演奏節拍 (7) 鈴鼓 0.25 拍
- 演奏節拍 (7) 鈴鼓 0.25 拍
- 演奏節拍 (7) 鈴鼓 0.25 拍

☞ 程式接續上欄

- 演奏節拍 (7) 鈴鼓 0.25 拍
- 演奏節拍 (7) 鈴鼓 0.25 拍
- 演奏節拍 (7) 鈴鼓 0.25 拍
- 演奏節拍 (7) 鈴鼓 0.25 拍
- 演奏節拍 (7) 鈴鼓 0.25 拍
- 演奏節拍 (7) 鈴鼓 0.5 拍
- 演奏節拍 (7) 鈴鼓 0.25 拍
- 演奏節拍 (7) 鈴鼓 0.25 拍
- 演奏節拍 (7) 鈴鼓 0.25 拍
- 演奏節拍 (7) 鈴鼓 1 拍

☞ 程式續接下欄

動畫創作 - 喜樂農場 **2**

step 10 以上就是老師家的故事，是否你也有自己的故事要跟大家分享呢？

> 有沒有像 Old MacDonald Had a Farm？

2-15　分享到社群

step 1 Scratch 是個互動分享的社群，設計的動畫作品或遊戲當然要與世界的朋友們分享，藉此可以得到觀看或試玩後的回饋。

| 喜樂農場 | 分享 | 切換到專案頁面 |

在功能表區可以找到「切換到專案頁面」的按鈕，按下後會看到下面的專案頁面。

2 用 Scratch 3.0 創作故事動畫及互動遊戲

操作說明：要告訴觀看或遊戲的人該怎麼開始、遊戲怎麼玩、過關的條件是什麼等資訊。

備註與謝誌：有用到他人的點子、圖片、音樂、程式要在這裡感謝他們，也可註記自己創作的靈感來源。

step 2 當填寫完畢後即可以按下「分享」，與全世界的朋友交流！

動畫創作 - 喜樂農場 **2**

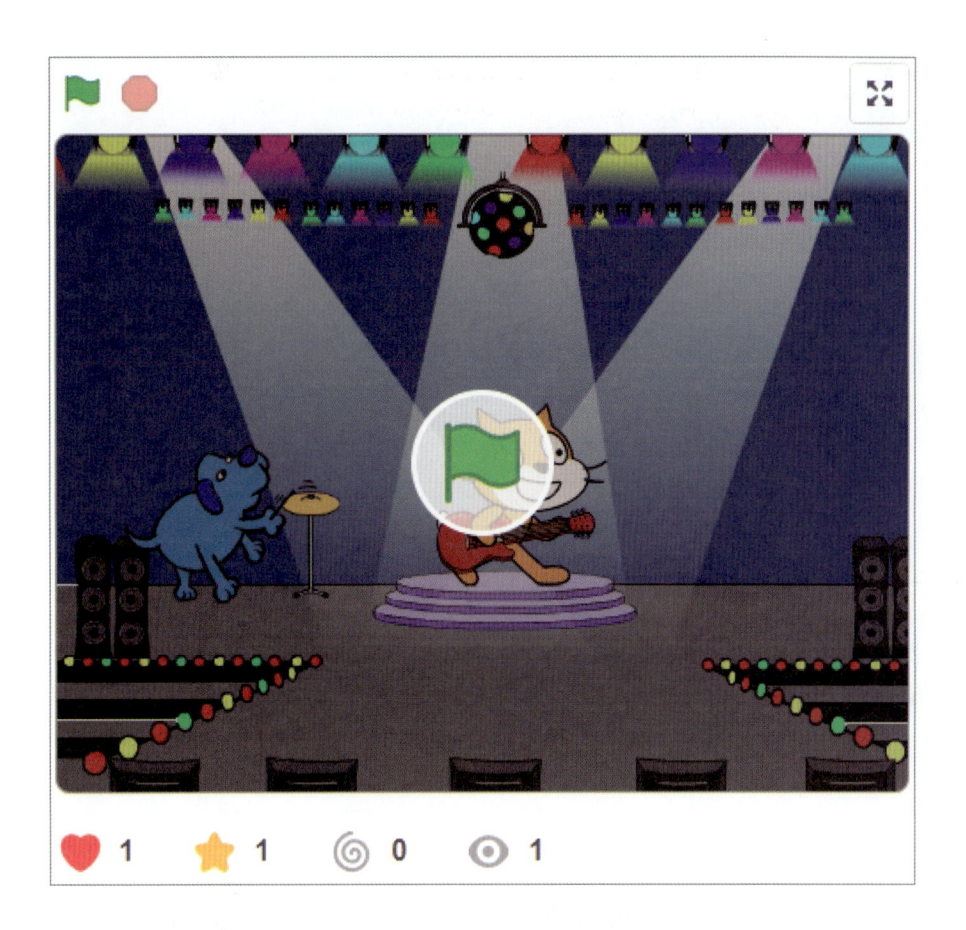

55

Step 3

我的東西

可以從「專案頁面」或「我的東西」看到這個專案被多少人看過，有多少人喜愛或評論等資訊。

2-16 專案的下載或上傳

step 1 在某些情況下我們需要把專案下載,例如要下載到離線版本編輯,我們只須在「功能表區」→「檔案」→「下載到你的電腦」

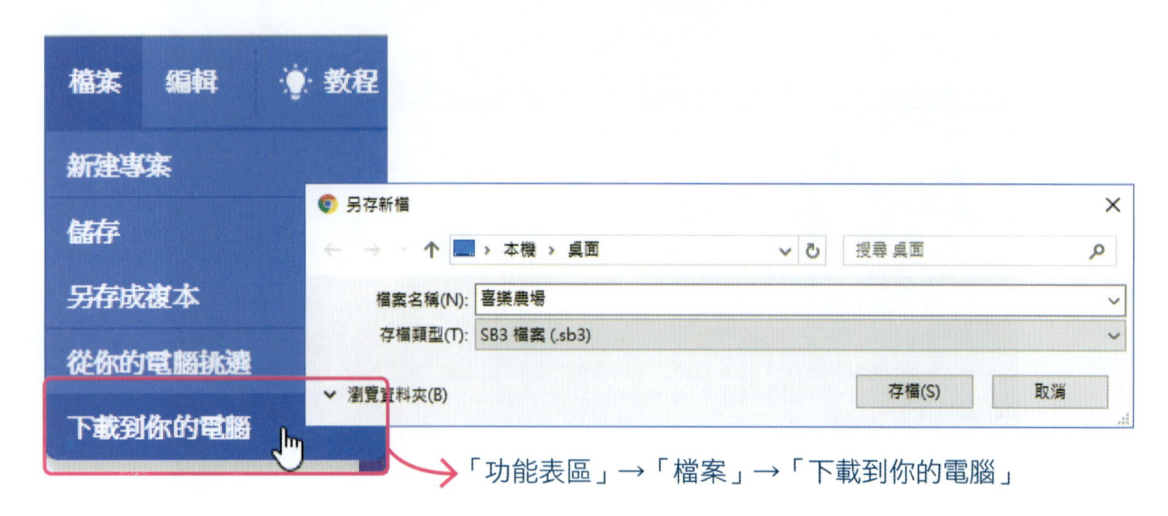

「功能表區」→「檔案」→「下載到你的電腦」

step 2 反之,當我們在離線版本編輯完成專案,想要分享到社群時,必須要先上傳到網路的版本上,在「功能表區」→「檔案」→「從你的電腦挑選」

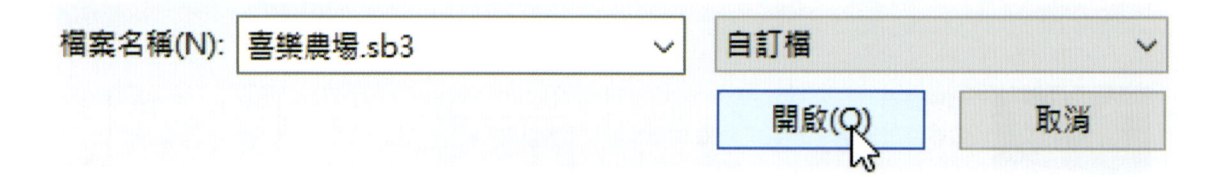

第 3 章　遊戲創作 – 魚兒魚兒水中游

（範例程式請參考：「魚兒魚兒水中游 .sb3」）

　　魚兒努力在水中吃掉下來的飼料，躲避水中泡泡把牠帶到水面上，還有可怕的鯊魚！

啊嗚～

3-1 上下左右鍵移動角色

step 1 首先請幫此專案的舞台設定好適合的背景,並找一個適合的循環音效,然後讓背景播放音效。

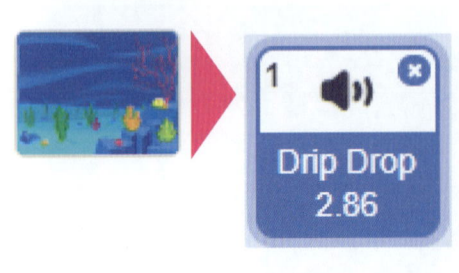

step 2 這個遊戲需要一個主角,在「角色區」新增一個角色「魚兒」,然後在「魚兒」的「工作區」加入「事件類」的積木指令。試看看!此時魚兒可以游動了!

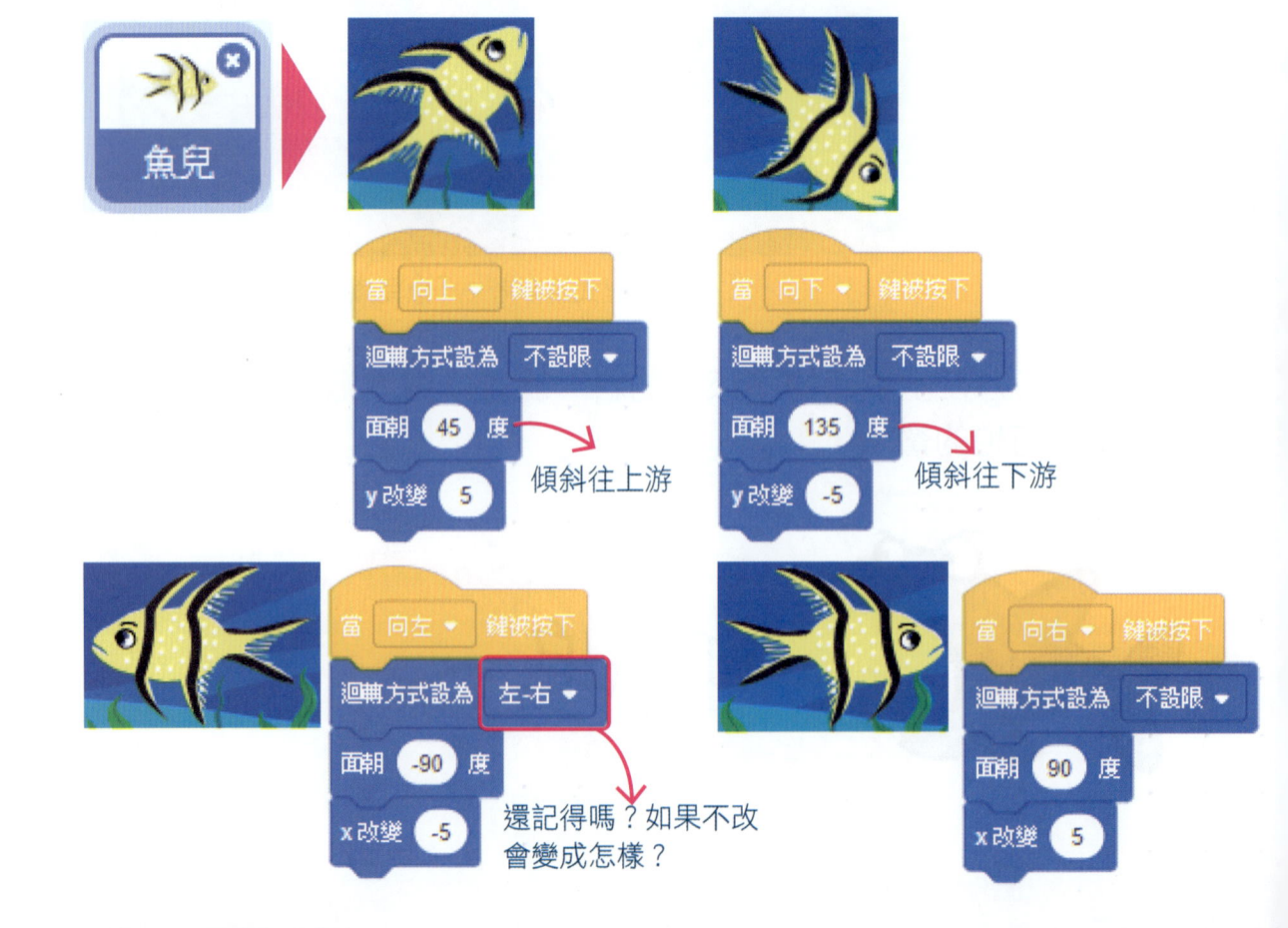

- 當 向上 鍵被按下:迴轉方式設為 不設限,面朝 45 度,y 改變 5 → 傾斜往上游
- 當 向下 鍵被按下:迴轉方式設為 不設限,面朝 135 度,y 改變 -5 → 傾斜往下游
- 當 向左 鍵被按下:迴轉方式設為 左-右,面朝 -90 度,x 改變 -5 → 還記得嗎?如果不改會變成怎樣?
- 當 向右 鍵被按下:迴轉方式設為 不設限,面朝 90 度,x 改變 5

3-2　建立分身

想要讓海底不固定時間及位置冒出氣泡，然後氣泡往上浮隨著水壓降低而氣泡變大，要做出這樣的感覺。

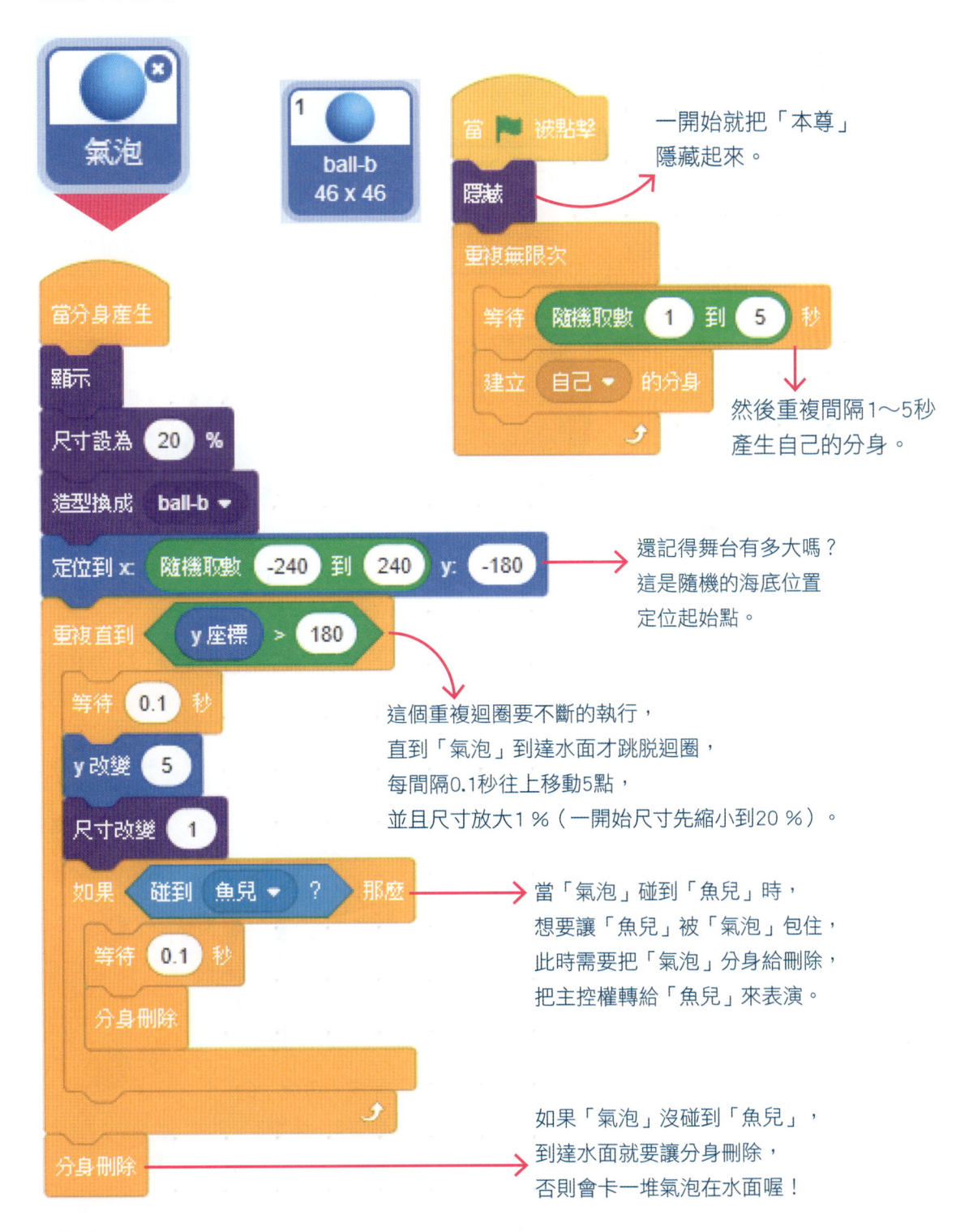

氣泡 / ball-b 46 x 46

```
當 ▶ 被點擊
隱藏
重複無限次
    等待 隨機取數 1 到 5 秒
    建立 自己▼ 的分身
```

一開始就把「本尊」隱藏起來。

然後重複間隔1～5秒產生自己的分身。

```
當分身產生
顯示
尺寸設為 20 %
造型換成 ball-b▼
定位到 x: 隨機取數 -240 到 240 y: -180
重複直到 < y座標 > 180 >
    等待 0.1 秒
    y 改變 5
    尺寸改變 1
    如果 < 碰到 魚兒▼ ? > 那麼
        等待 0.1 秒
        分身刪除
分身刪除
```

還記得舞台有多大嗎？
這是隨機的海底位置
定位起始點。

這個重複迴圈要不斷的執行，
直到「氣泡」到達水面才跳脫迴圈，
每間隔0.1秒往上移動5點，
並且尺寸放大1 %（一開始尺寸先縮小到20 %）。

當「氣泡」碰到「魚兒」時，
想要讓「魚兒」被「氣泡」包住，
此時需要把「氣泡」分身給刪除，
把主控權轉給「魚兒」來表演。

如果「氣泡」沒碰到「魚兒」，
到達水面就要讓分身刪除，
否則會卡一堆氣泡在水面喔！

3-3 新增魚兒造型

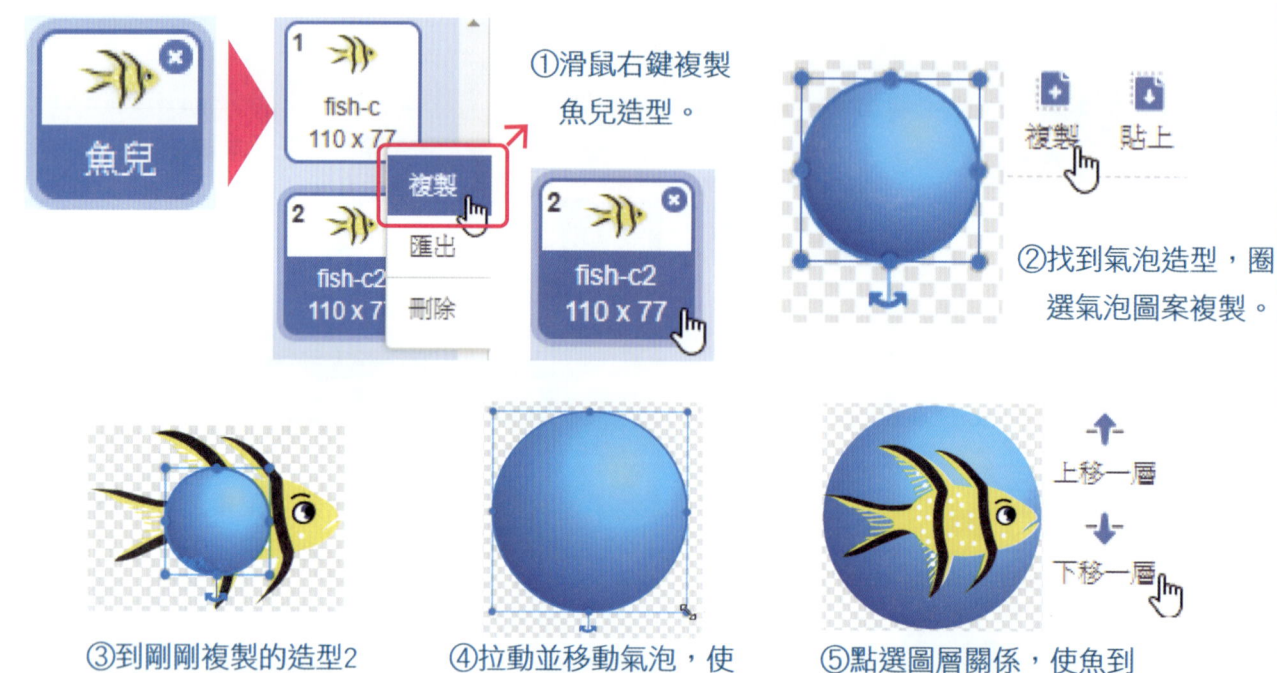

step 1 前面有提到當「魚兒」碰到「氣泡」時，會被氣泡包住，所以我們要再幫魚兒做幾個造型。順便複習一次造型製作與圖層的關係。

①滑鼠右鍵複製魚兒造型。

②找到氣泡造型，圈選氣泡圖案複製。

③到剛剛複製的造型2貼上。

④拉動並移動氣泡，使它將整條魚包住。

⑤點選圖層關係，使魚到最上層。

step 2 順便做一個「魚兒」被氣泡包住時，掙扎往下要突破氣泡，面紅耳赤的造型。

複製後點選造型3

完成「魚兒」的造型2、造型3

3-4 點陣圖與向量圖

step 1 前章節新增魚兒造型，會發現無法針對魚頭的部分填色，那是因為對於向量圖而言，魚頭和魚身屬於同一個路徑區域，所以填色的時候同區域會一起改變。

如果真的很在意，想要針對魚頭區域填色，可以考慮「轉換成點陣圖」處理。

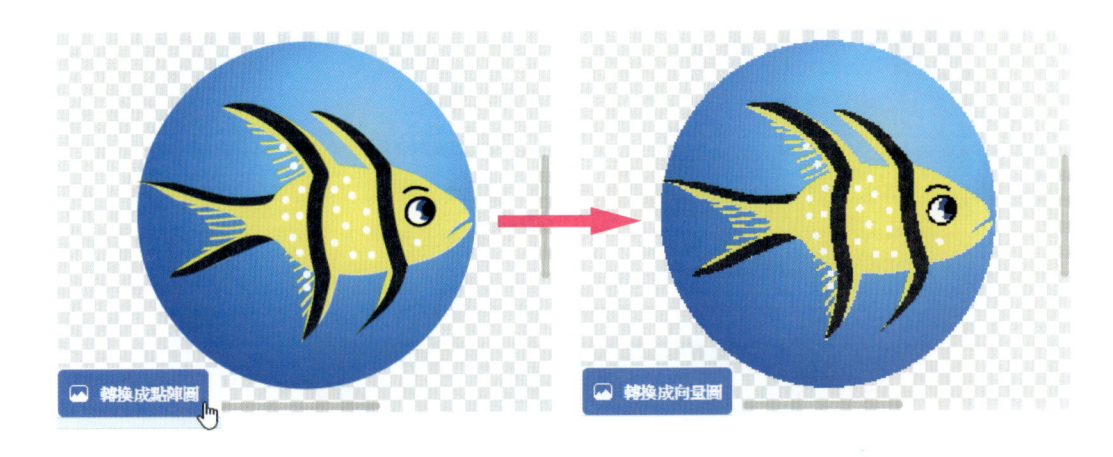

step 2 轉換成點陣圖後會發現產生鋸齒狀，因為點陣圖是用「點」構成線與面，所以轉彎處都會出現鋸齒狀，圓點也不是那麼圓了！而且轉換後想再轉為向量圖處理時，它只能是同一個圖層，不再可以使用圖層路徑修圖了，因此要轉成點陣圖之前要想清楚。

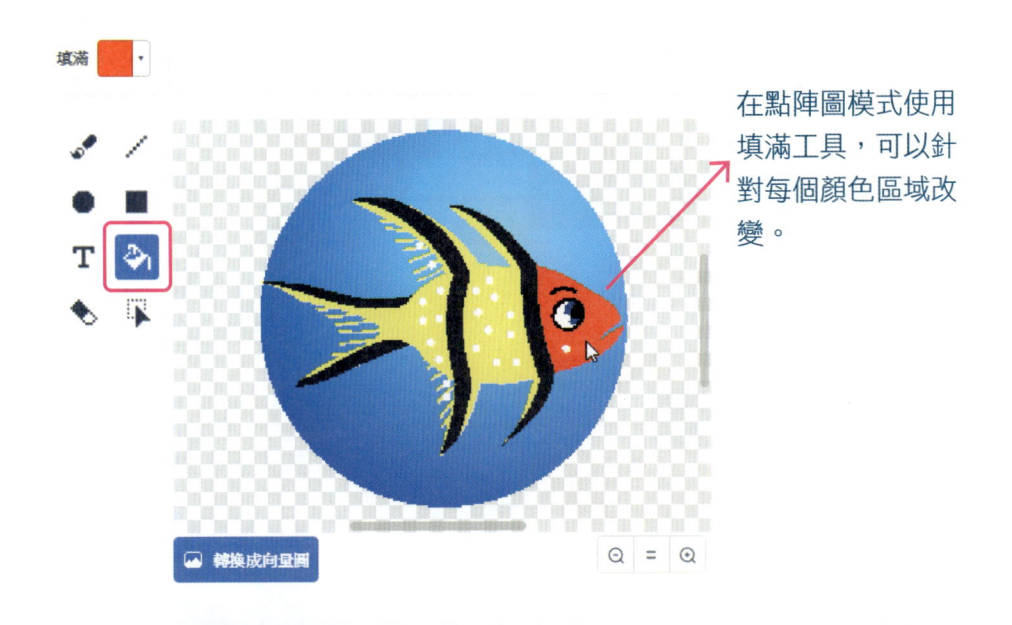

在點陣圖模式使用填滿工具，可以針對每個顏色區域改變。

3-5 計時器

計時器是遊戲類創作經常使用到的功能，歸零後從 0 秒開始不停往上加。

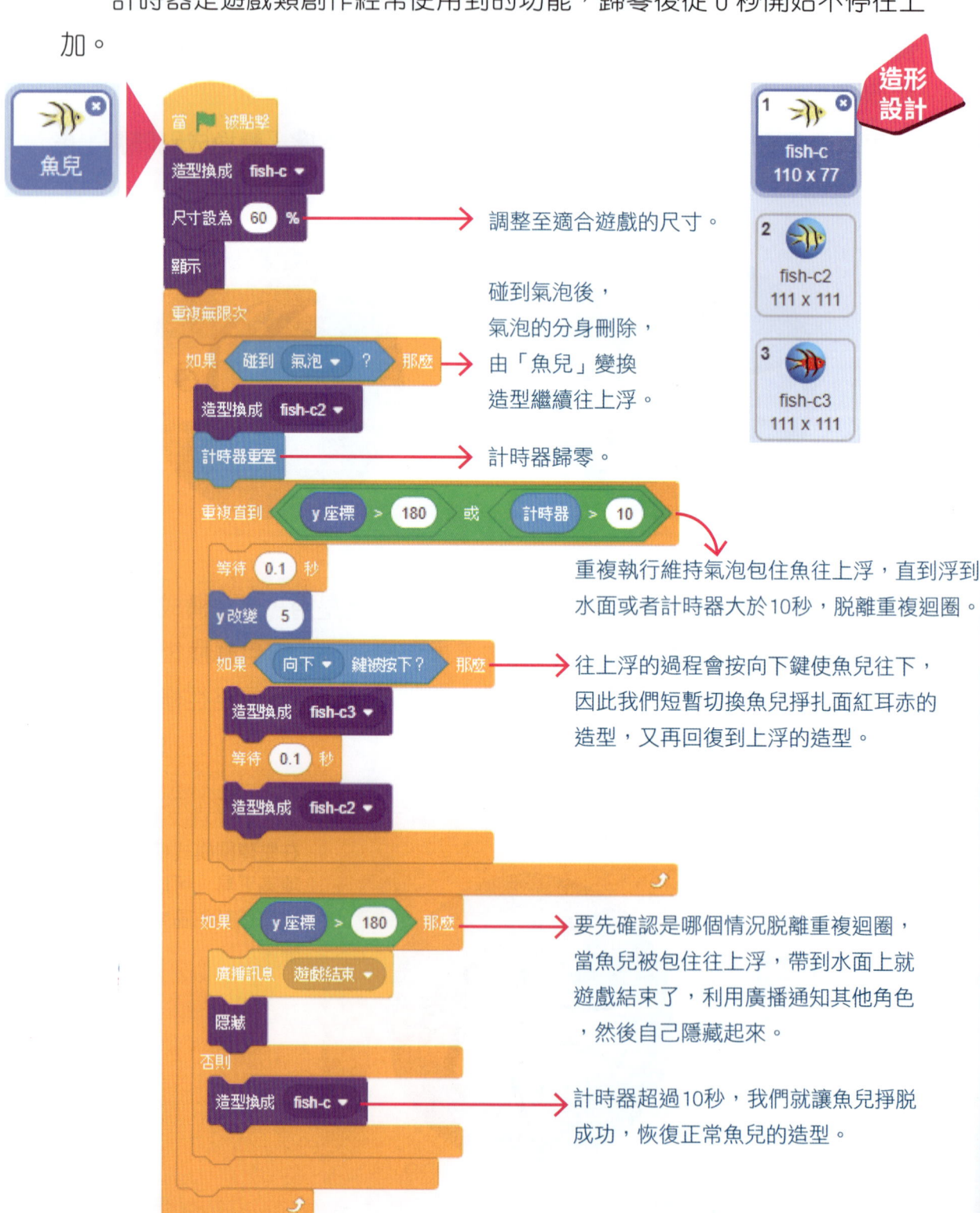

造形設計

fish-c 110 x 77
fish-c2 111 x 111
fish-c3 111 x 111

魚兒

- 當 ▶ 被點擊
- 造型換成 fish-c
- 尺寸設為 60 %
- 顯示
- 重複無限次
  - 如果 碰到 氣泡 ? 那麼
    - 造型換成 fish-c2
    - 計時器重置
    - 重複直到 ＜ y座標 > 180 或 計時器 > 10 ＞
      - 等待 0.1 秒
      - y 改變 5
      - 如果 ＜ 向下 鍵被按下? ＞ 那麼
        - 造型換成 fish-c3
        - 等待 0.1 秒
        - 造型換成 fish-c2
    - 如果 ＜ y座標 > 180 ＞ 那麼
      - 廣播訊息 遊戲結束
      - 隱藏
    - 否則
      - 造型換成 fish-c

→ 調整至適合遊戲的尺寸。

→ 碰到氣泡後，氣泡的分身刪除，由「魚兒」變換造型繼續往上浮。

→ 計時器歸零。

→ 重複執行維持氣泡包住魚往上浮，直到浮到水面或者計時器大於10秒，脫離重複迴圈。

→ 往上浮的過程會按向下鍵使魚兒往下，因此我們短暫切換魚兒掙扎面紅耳赤的造型，又再回復到上浮的造型。

→ 要先確認是哪個情況脫離重複迴圈，當魚兒被包住往上浮，帶到水面上就遊戲結束了，利用廣播通知其他角色，然後自己隱藏起來。

→ 計時器超過10秒，我們就讓魚兒掙脫成功，恢復正常魚兒的造型。

遊戲創作 - 魚兒魚兒水中游 **3**

3-6 文字型角色

step 1 前章節有提到遊戲結束的廣播訊息，因此要有角色出來回應，並且讓所有程式停止，我們可用文字型角色來處理。

在角色區使用繪畫的方式新增造型，然後使用文字工具打上「GAME OVER」字樣，可以選擇字型喔！即使用中文也可以。

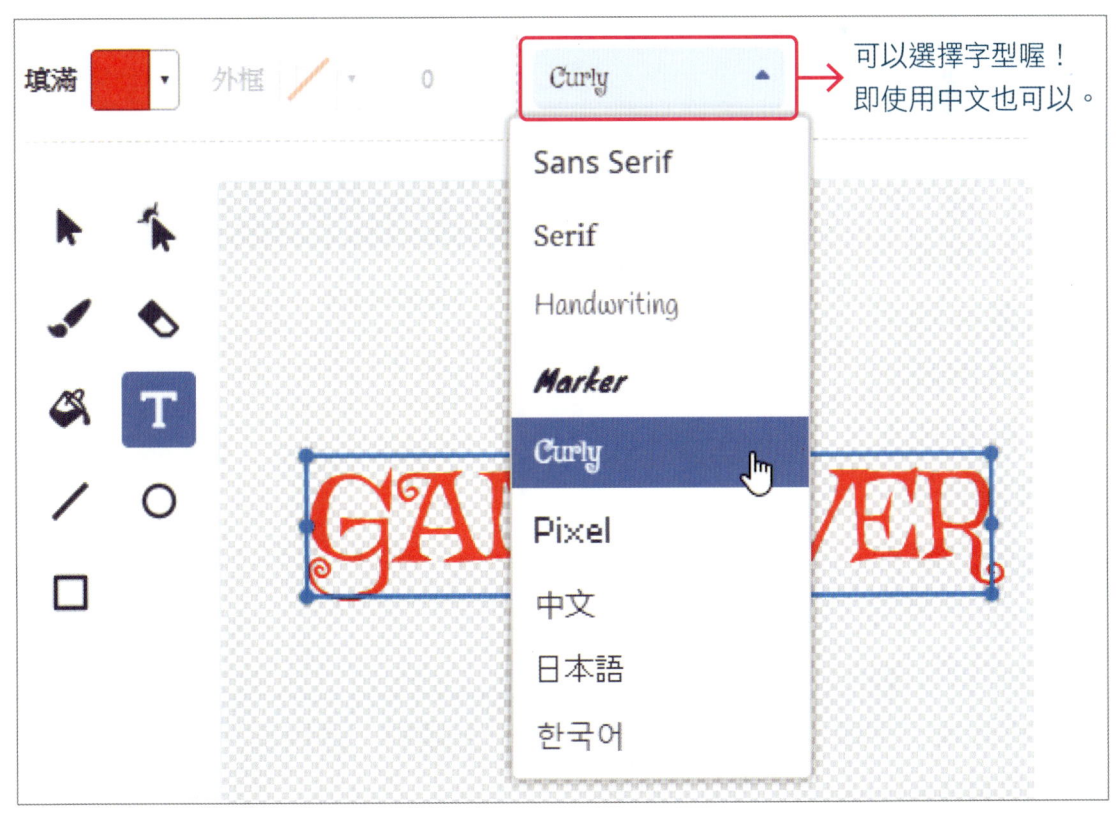

可以選擇字型喔！
即使用中文也可以。

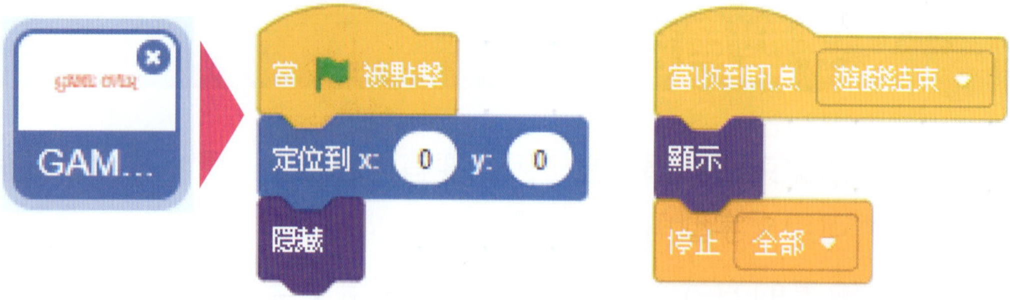

3 用 Scratch 3.0 創作故事動畫及互動遊戲

當收到廣播訊息「遊戲結束」時,「GAME OVER」角色顯示出來,並停止所有程式。

step 2 到目前為止,遊戲的雛型已經出來了,有主角「魚兒」、敵人「氣泡」以及遊戲結束「GAME OVER」,還需要再增加得分的元素。

畫面呈現

3-7 變數

step 1 建立一個「得分」的變數,變數選擇適用所有角色表示每個角色都知道變數的內容。

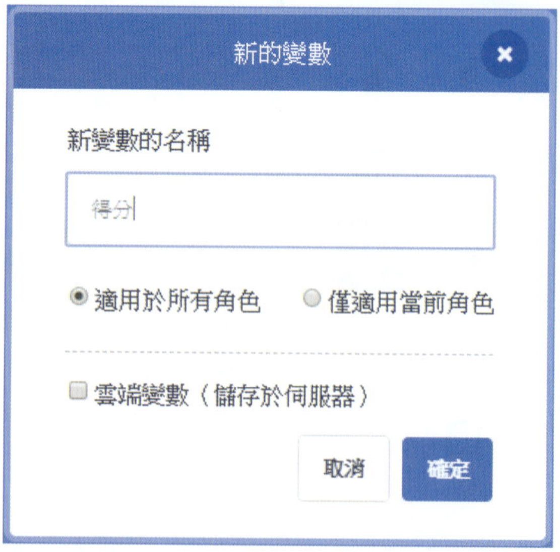

把變數想像成是一個皮包,可以放錢(數字)或紙條(字串)等,裡面的數量會一直變動,適用於所有角色的變數如同公共皮包,大家都可知道內容。

遊戲創作 - 魚兒魚兒水中游 **3**

step 2 設計有魚飼料掉到海中讓魚兒吃了會得分，雖然聽起來怪怪的...

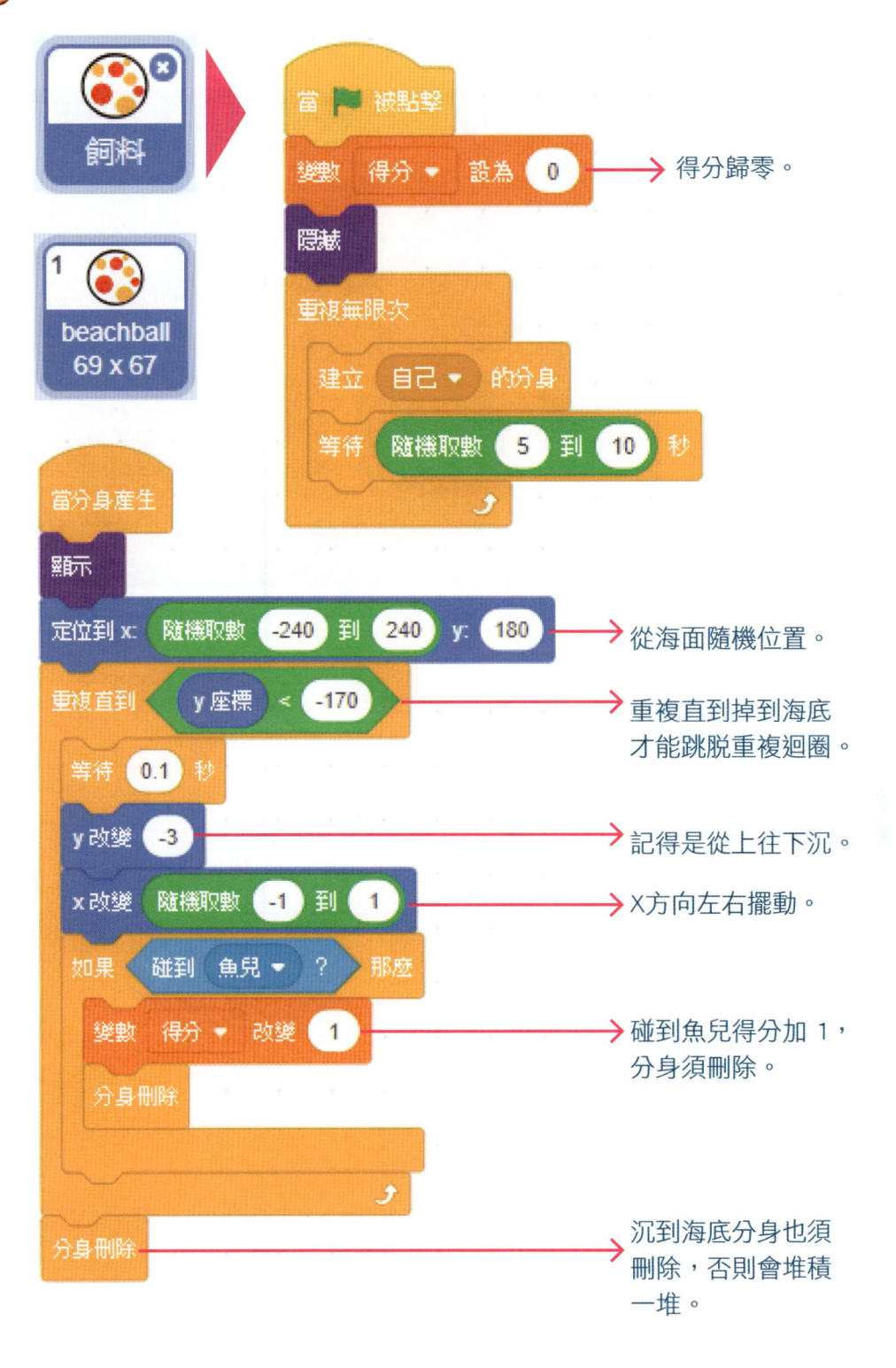

飼料

beachball
69 x 67

當 🏁 被點擊
變數 得分 ▼ 設為 0 → 得分歸零。
隱藏
重複無限次
　建立 自己 ▼ 的分身
　等待 隨機取數 5 到 10 秒

當分身產生
顯示
定位到 x: 隨機取數 -240 到 240 y: 180 → 從海面隨機位置。
重複直到 y 座標 < -170 → 重複直到掉到海底才能跳脫重複迴圈。
　等待 0.1 秒
　y 改變 -3 → 記得是從上往下沉。
　x 改變 隨機取數 -1 到 1 → X方向左右擺動。
　如果 碰到 魚兒 ▼ ? 那麼
　　變數 得分 ▼ 改變 1 → 碰到魚兒得分加 1，分身須刪除。
　　分身刪除
分身刪除 → 沉到海底分身也須刪除，否則會堆積一堆。

step 3 「得分」變數前的勾如有勾選,則得分會顯示在舞台畫面上。在舞台的「得分」上按滑鼠右鍵會顯示樣式的清單選擇。

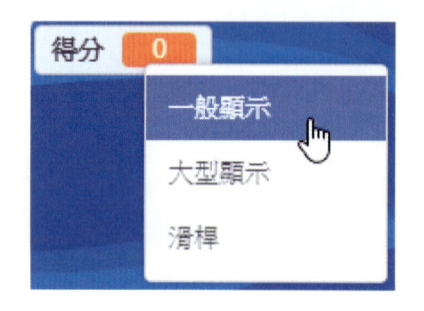

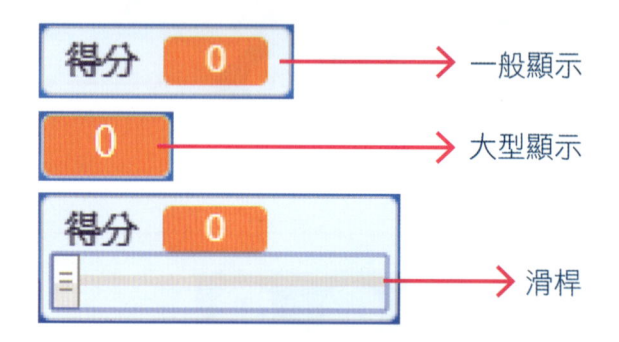

3-8 鯊魚出沒

海底世界的角色如果沒有鯊魚，就好像少了什麼，讓我們加入「鯊魚」作為另一個敵人。

「鯊魚」的角色有 2 個造型我們會需要用上。

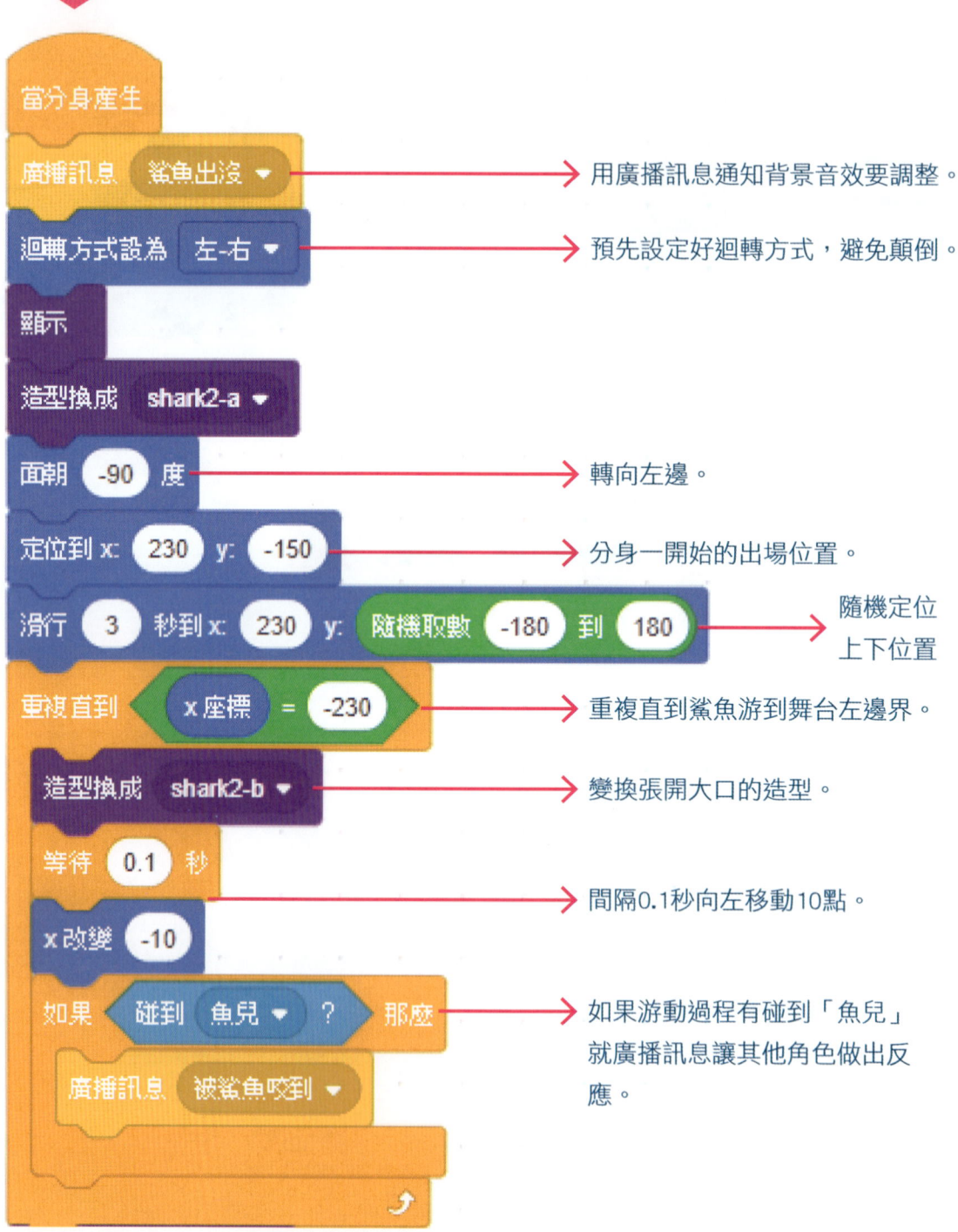

3 用 Scratch 3.0 創作故事動畫及互動遊戲

鯊魚

- 當分身產生
- 廣播訊息 鯊魚出沒 → 用廣播訊息通知背景音效要調整。
- 迴轉方式設為 左-右 → 預先設定好迴轉方式，避免顛倒。
- 顯示
- 造型換成 shark2-a
- 面朝 -90 度 → 轉向左邊。
- 定位到 x: 230 y: -150 → 分身一開始的出場位置。
- 滑行 3 秒到 x: 230 y: 隨機取數 -180 到 180 → 隨機定位上下位置
- 重複直到 x 座標 = -230 → 重複直到鯊魚游到舞台左邊界。
  - 造型換成 shark2-b → 變換張開大口的造型。
  - 等待 0.1 秒
  - x 改變 -10 → 間隔0.1秒向左移動10點。
  - 如果 碰到 魚兒 ? 那麼 → 如果游動過程有碰到「魚兒」就廣播訊息讓其他角色做出反應。
    - 廣播訊息 被鯊魚咬到

☆程式續接下頁

遊戲創作 - 魚兒魚兒水中游

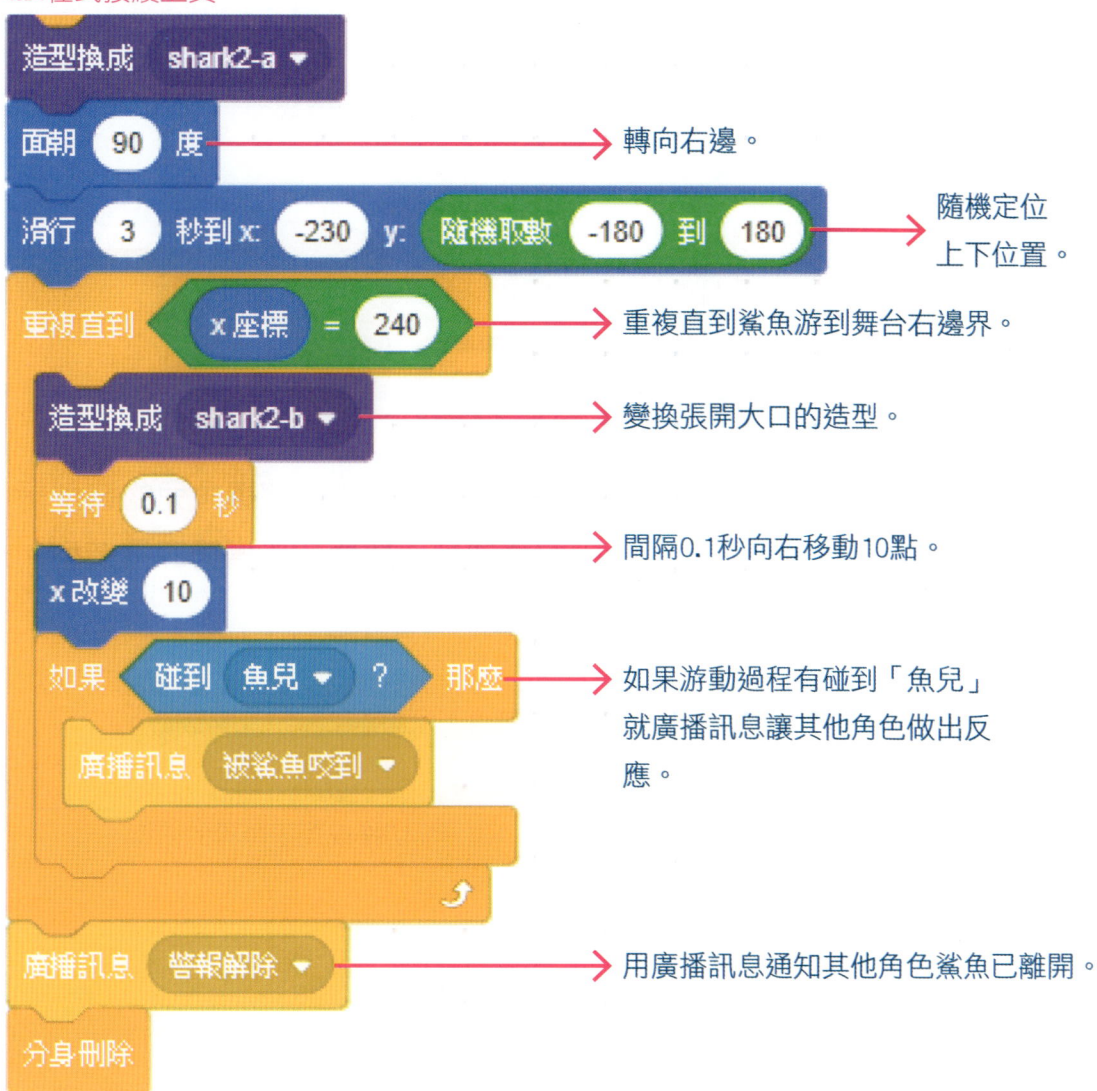

📌 程式接續上頁

```
造型換成 shark2-a
面朝 90 度                          → 轉向右邊。
滑行 3 秒到 x: -230 y: 隨機取數 -180 到 180   → 隨機定位上下位置。
重複直到 < x座標 = 240 >             → 重複直到鯊魚游到舞台右邊界。
    造型換成 shark2-b                → 變換張開大口的造型。
    等待 0.1 秒
    x 改變 10                        → 間隔0.1秒向右移動10點。
    如果 < 碰到 魚兒 ? > 那麼         → 如果游動過程有碰到「魚兒」
        廣播訊息 被鯊魚咬到              就廣播訊息讓其他角色做出反應。
廣播訊息 警報解除                    → 用廣播訊息通知其他角色鯊魚已離開。
分身刪除
```

3 用 Scratch 3.0 創作故事動畫及互動遊戲

step 2 現在「鯊魚」已經可以左右來回出沒攻擊「魚兒」了，接下來把背景音效調整，以增加遊戲的緊張氣氛。

「鯊魚出沒」及「警報解除」的廣播訊息主要是讓背景調整音效，所以在舞台增加下列程式。

```
當收到訊息 鯊魚出沒
聲音效果 音高 設為 200

當收到訊息 警報解除
聲音效果清除
```

step 3 接下來是「魚兒」的部分，當被鯊魚咬到之後，我們希望讓魚兒的造型是剩下魚骨頭，然後宣佈遊戲結束，因此需要幫「魚兒」新增第四個造型。第四個魚骨造型就要靠自己動手修改畫了！

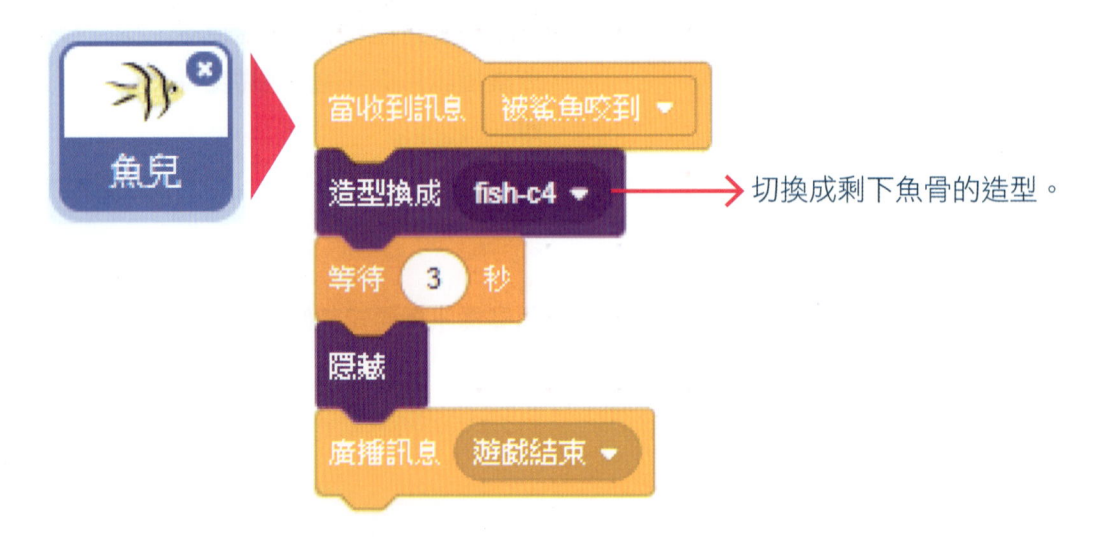

```
當收到訊息 被鯊魚咬到
造型換成 fish-c4    →切換成剩下魚骨的造型。
等待 3 秒
隱藏
廣播訊息 遊戲結束
```

遊戲創作 - 魚兒魚兒水中游

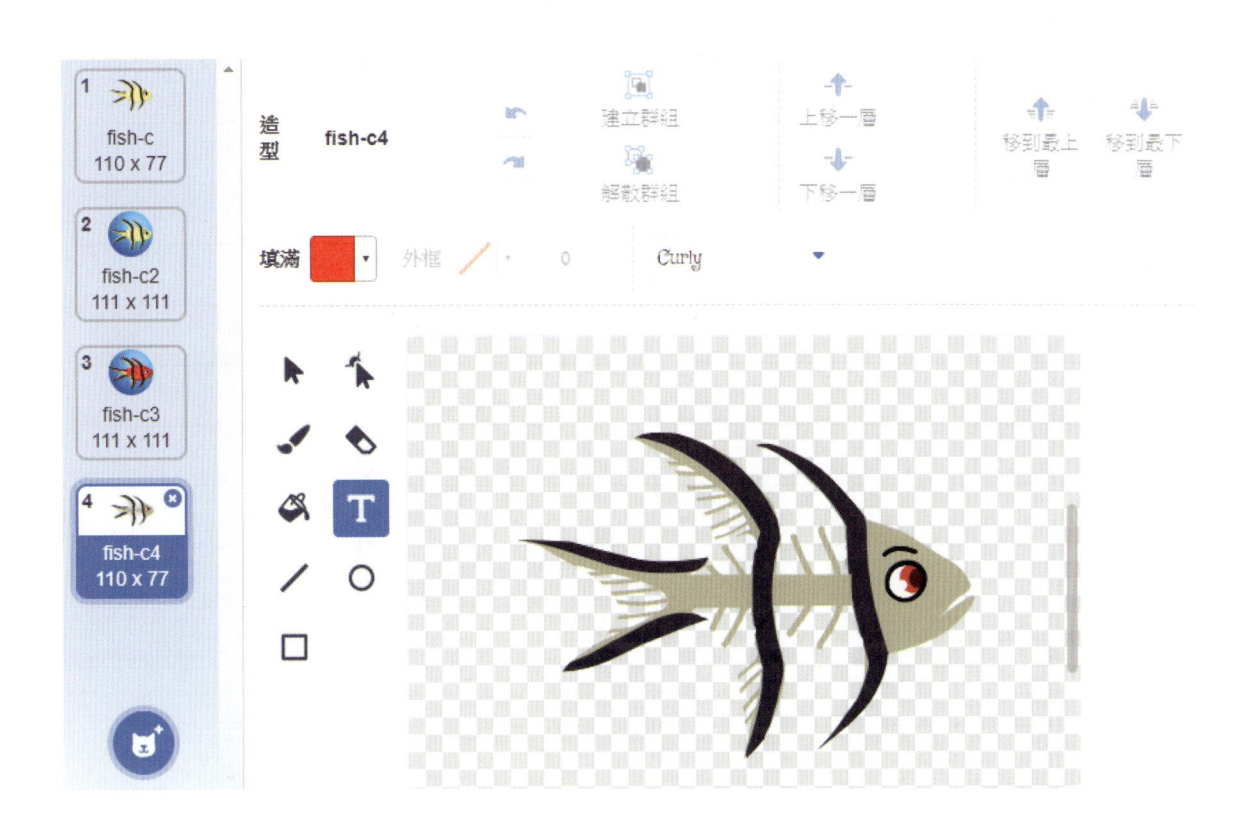

step 4 一個簡單的海底世界遊戲就完成了！挑戰看看，目前的功力可否做出其他類似的遊戲出來？加油！

Notepage

第 4 章　動畫創作－歐瑪瑪公主

（範例程式請參考：「歐瑪瑪公主.sb3」）

從前從前有個歐瑪瑪公主……有一天公主來到了森林，遇到一個賣西瓜的小姐……

4-1 字串組合

step 1 創作的開始要先給舞台一個背景及循環音效,以搭配劇情。

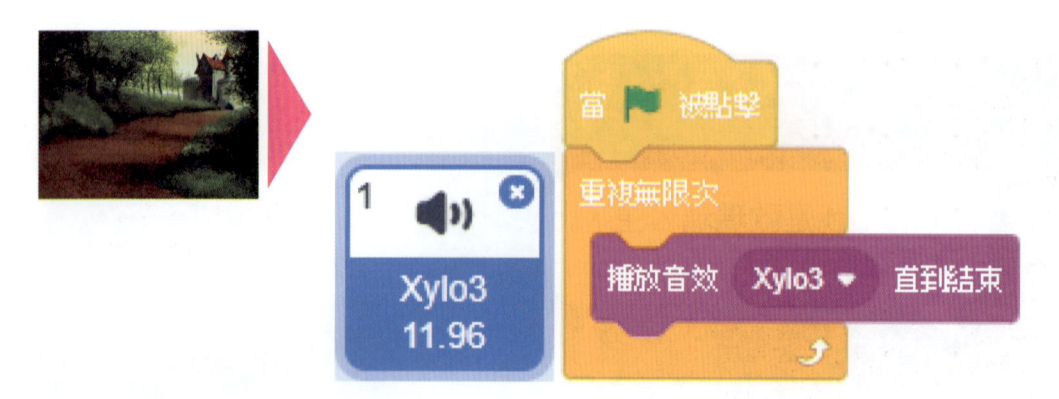

```
當 ▶ 被點擊
重複無限次
    播放音效 Xylo3 ▼ 直到結束
```

音效:Xylo3 11.96

step 2 角色:歐瑪瑪公主

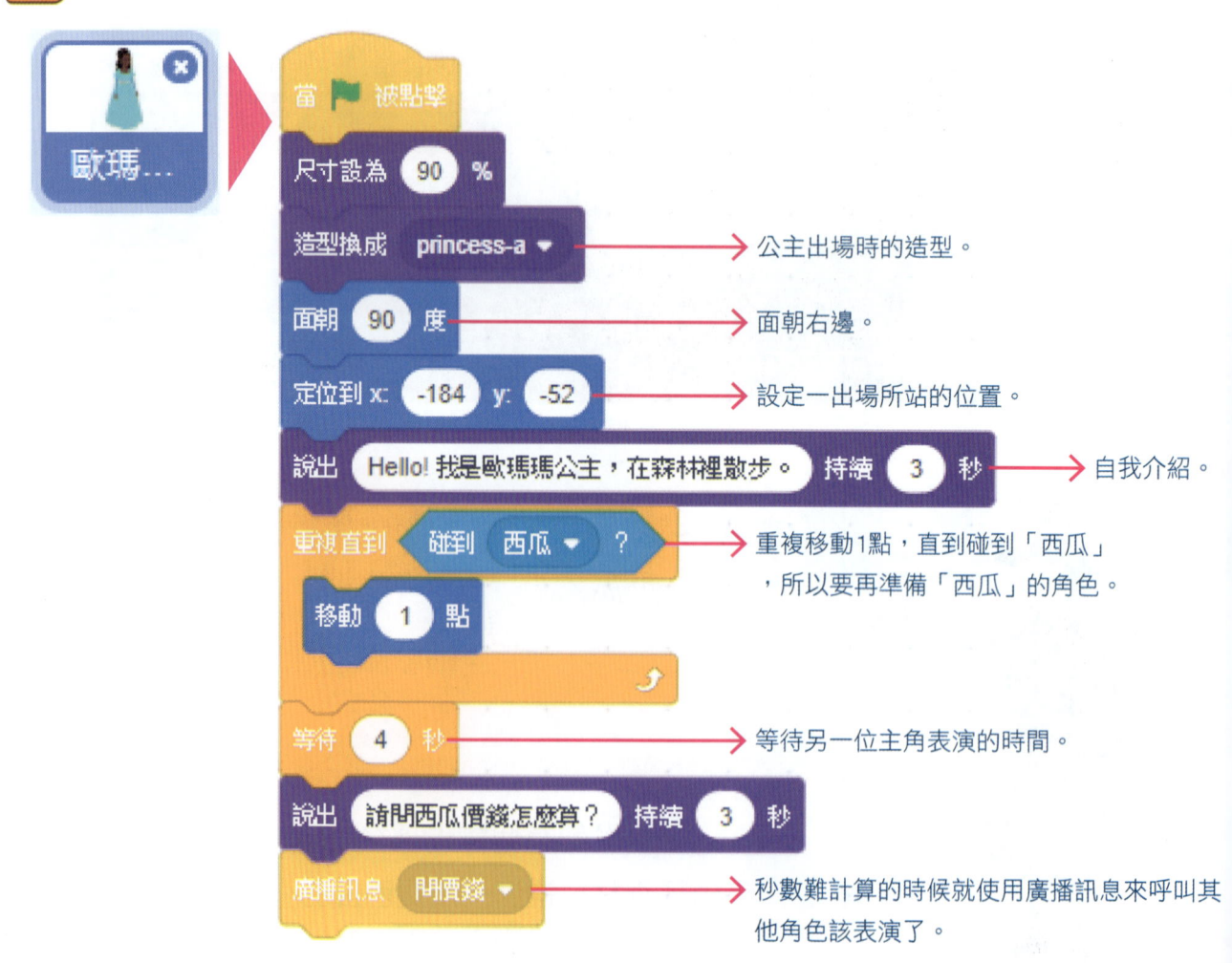

```
當 ▶ 被點擊
尺寸設為 90 %
造型換成 princess-a ▼          → 公主出場時的造型。
面朝 90 度                      → 面朝右邊。
定位到 x: -184 y: -52           → 設定一出場所站的位置。
說出 Hello! 我是歐瑪瑪公主,在森林裡散步。 持續 3 秒   → 自我介紹。
重複直到 碰到 西瓜 ▼ ?          → 重複移動1點,直到碰到「西瓜」,
    移動 1 點                     所以要再準備「西瓜」的角色。
等待 4 秒                       → 等待另一位主角表演的時間。
說出 請問西瓜價錢怎麼算? 持續 3 秒
廣播訊息 問價錢 ▼               → 秒數難計算的時候就使用廣播訊息來呼叫其
                                  他角色該表演了。
```

動畫創作 - 歐瑪瑪公主 **4**

step 3

角色：西瓜

當 ▶ 被點擊
造型換成 watermelon-a2

利用複製及貼上工具，從 1顆西瓜製作多顆西瓜的造型。

造形設計

1. waterme... 78 x 53
2. waterme... 123 x 95

step 4

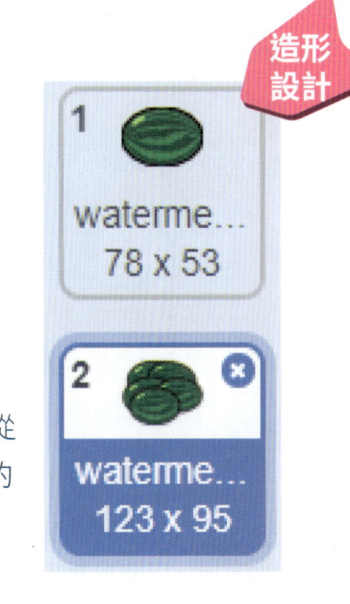

角色：壞巫婆

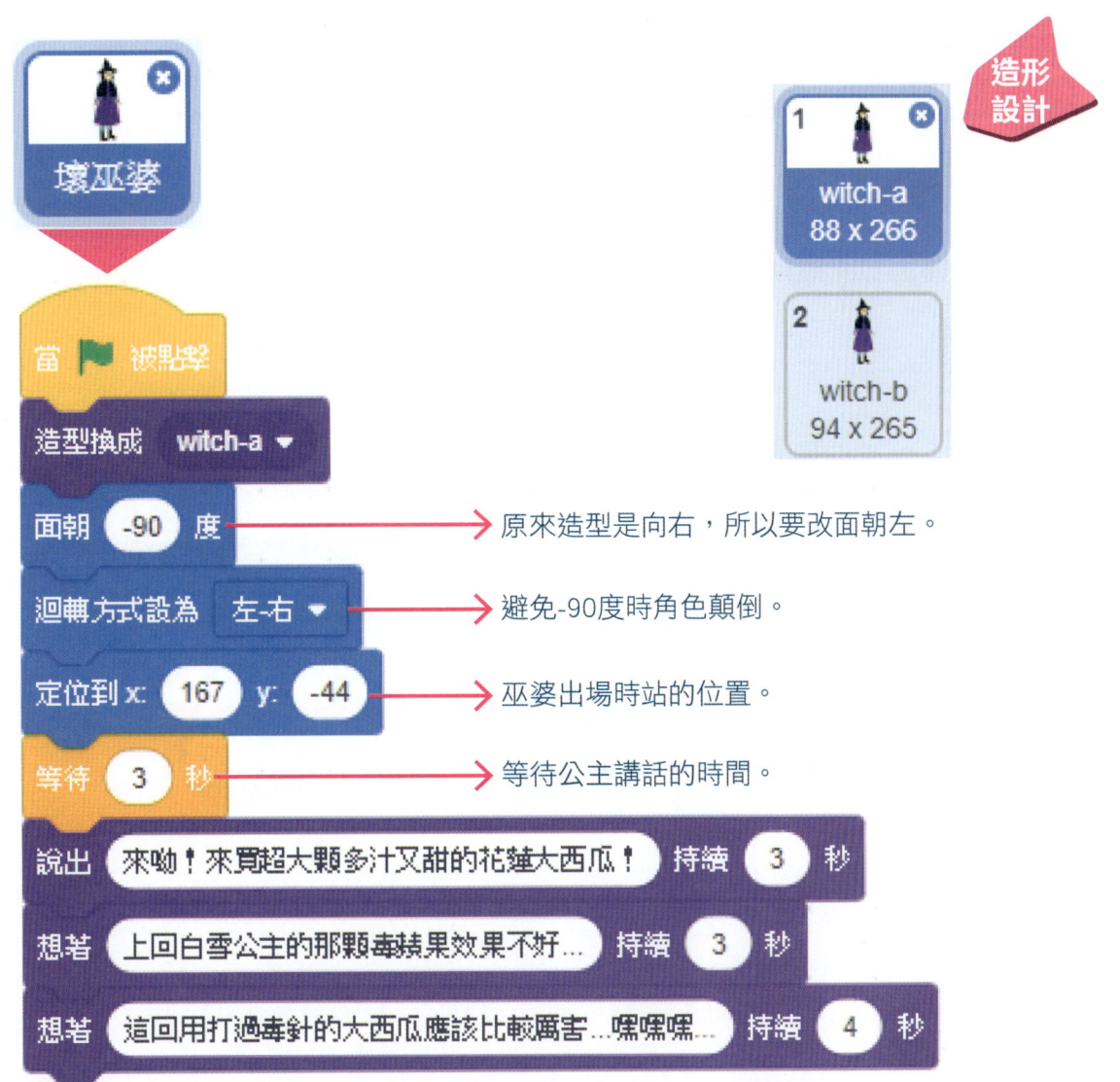

造形設計

1. witch-a 88 x 266
2. witch-b 94 x 265

當 ▶ 被點擊
造型換成 witch-a
面朝 -90 度 → 原來造型是向右，所以要改面朝左。
迴轉方式設為 左-右 → 避免-90度時角色顛倒。
定位到 x: 167 y: -44 → 巫婆出場時站的位置。
等待 3 秒 → 等待公主講話的時間。
說出 來呦！來買超大顆多汁又甜的花蓮大西瓜！ 持續 3 秒
想著 上回白雪公主的那顆毒蘋果效果不好... 持續 3 秒
想著 這回用打過毒針的大西瓜應該比較厲害...嘿嘿嘿... 持續 4 秒

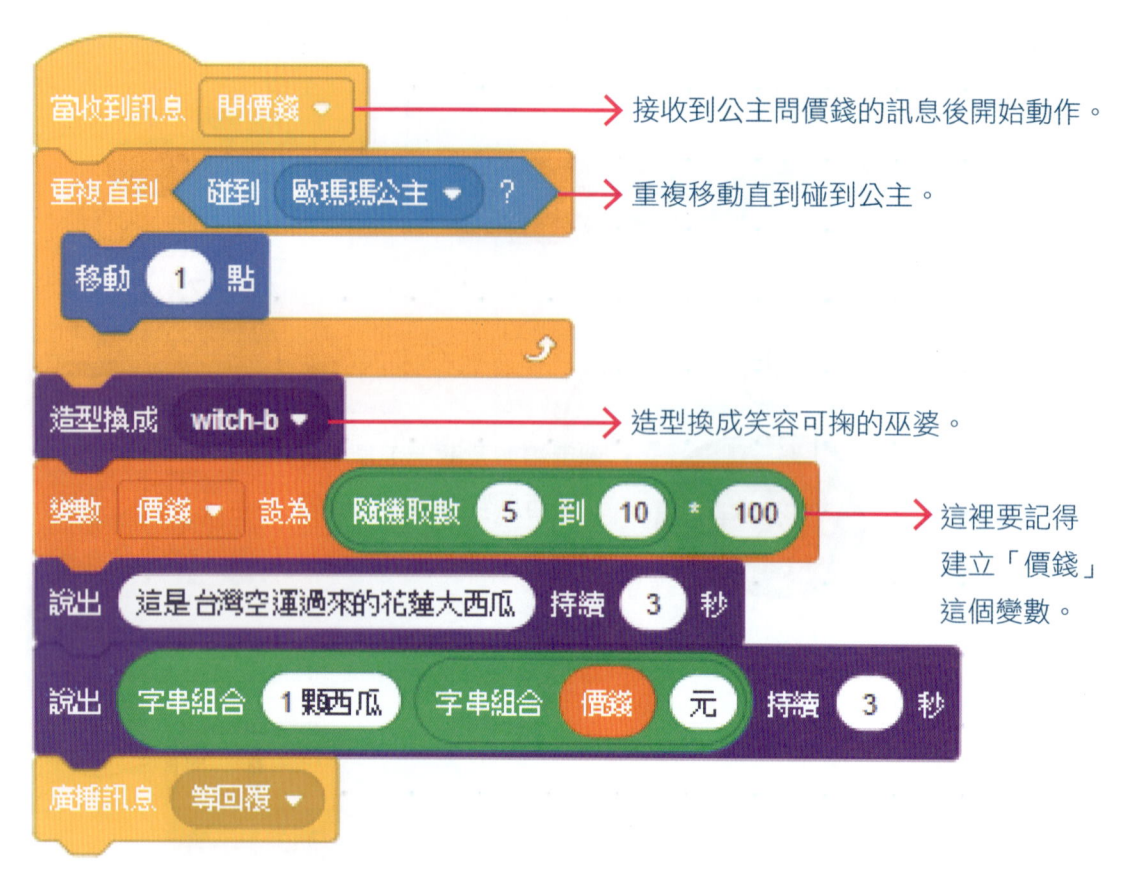

4 用 Scratch 3.0 創作故事動畫及互動遊戲

- 當收到訊息 問價錢 → 接收到公主問價錢的訊息後開始動作。
- 重複直到 碰到 歐瑪瑪公主 ？ → 重複移動直到碰到公主。
  - 移動 1 點
- 造型換成 witch-b → 造型換成笑容可掬的巫婆。
- 變數 價錢 設為 隨機取數 5 到 10 * 100 → 這裡要記得建立「價錢」這個變數。
- 說出 這是台灣空運過來的花蓮大西瓜 持續 3 秒
- 說出 字串組合 1顆西瓜 字串組合 價錢 元 持續 3 秒
- 廣播訊息 等回覆

step 5 前頁這串運算式的組合方式是這樣來的：

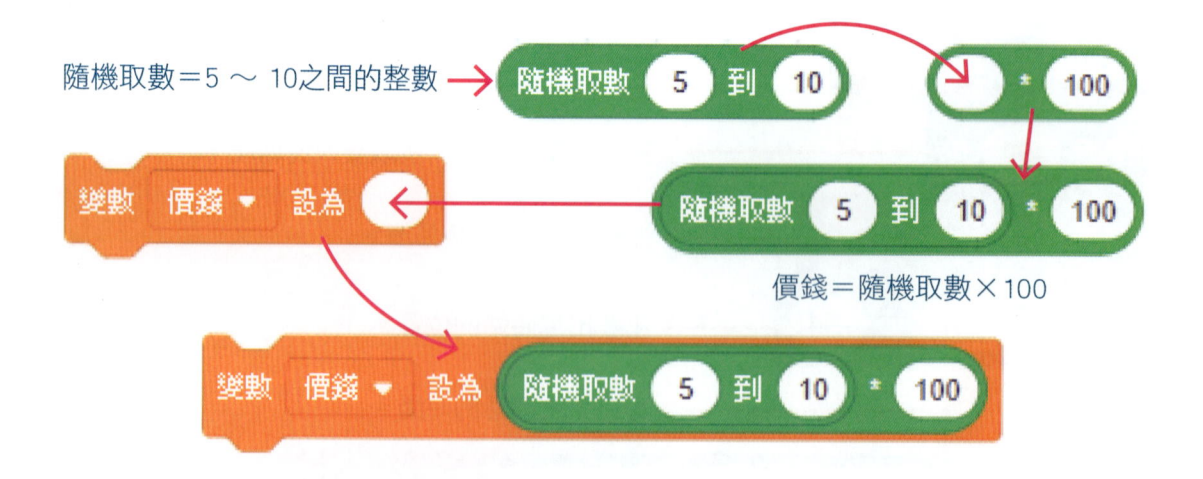

隨機取數＝5〜10之間的整數 → 隨機取數 5 到 10　　* 100

變數 價錢 設為　　←　　隨機取數 5 到 10 * 100

價錢＝隨機取數×100

變數 價錢 設為 隨機取數 5 到 10 * 100

動畫創作 - 歐瑪瑪公主 **4**

step 6 假設變數「價錢」是 500，我們要讓「壞巫婆」說出「1 顆西瓜 500 元」，字串的組合方式如下：

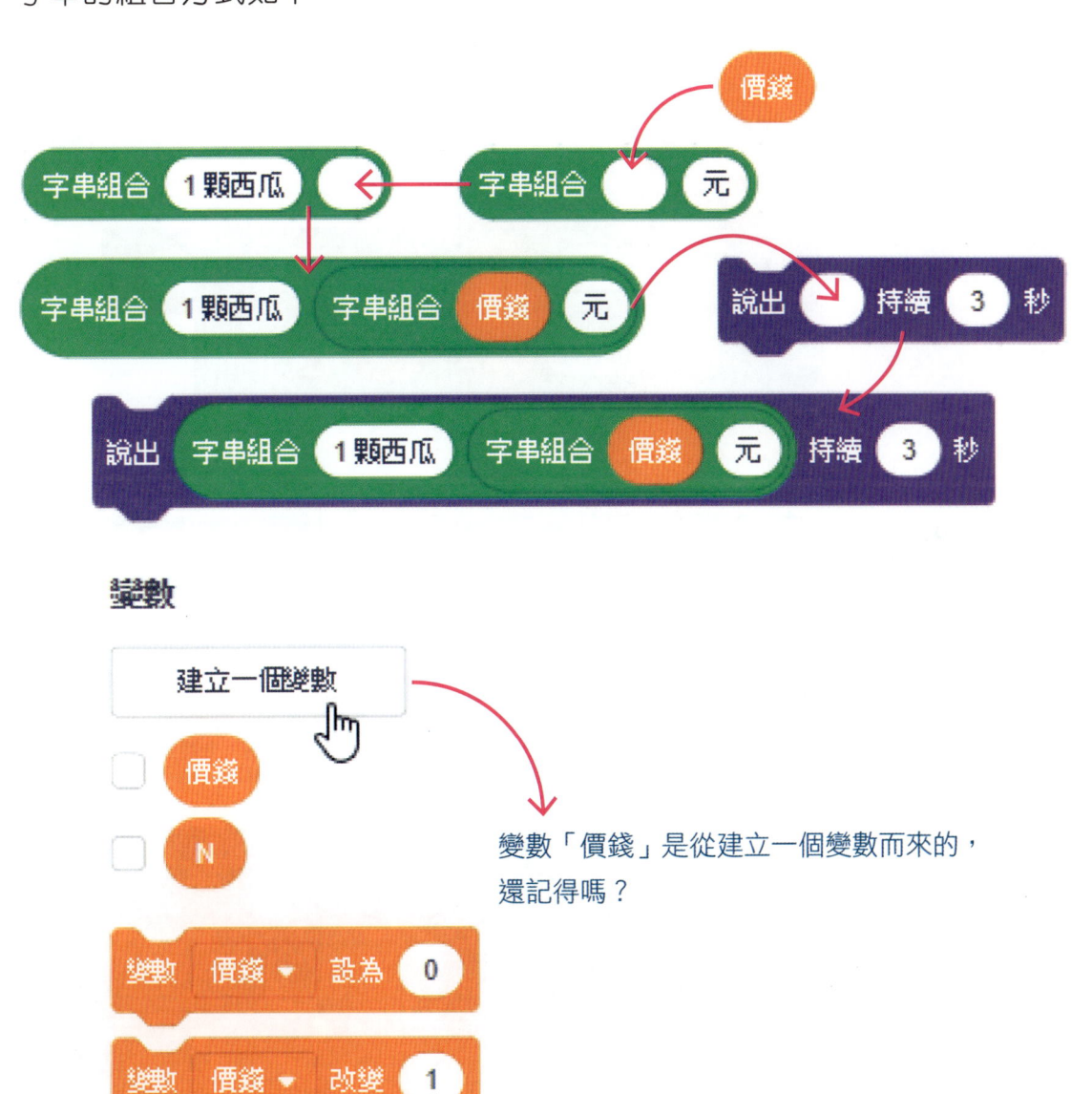

變數「價錢」是從建立一個變數而來的，還記得嗎？

4 用 Scratch 3.0 創作故事動畫及互動遊戲

4-2 與玩家互動的詢問並等待

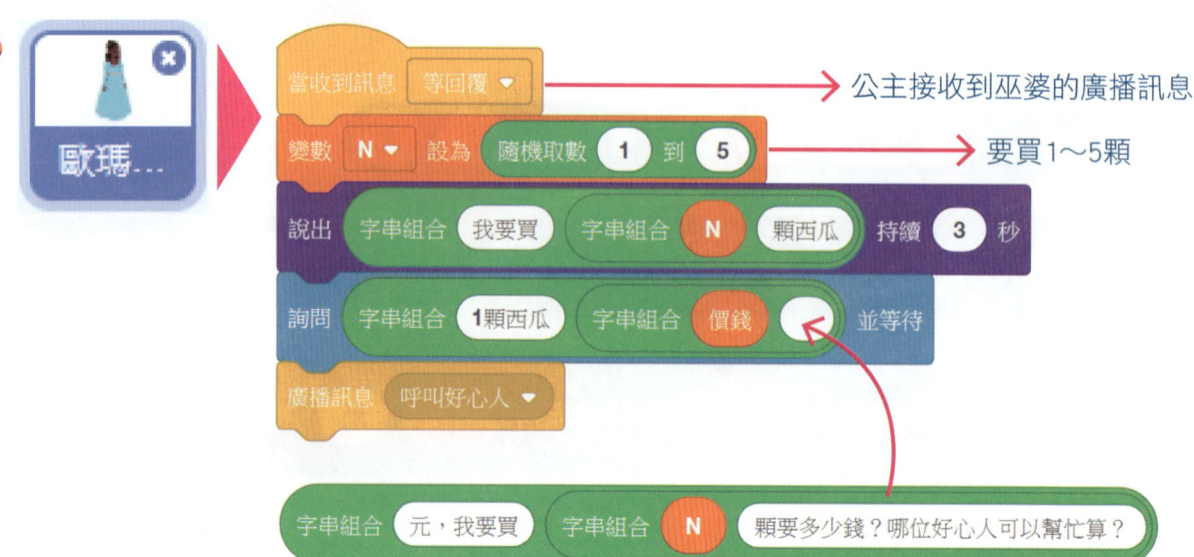

step 1

歐瑪...

- 當收到訊息 等回覆 ➜ 公主接收到巫婆的廣播訊息
- 變數 N 設為 隨機取數 1 到 5 ➜ 要買1～5顆
- 說出 字串組合 我要買 字串組合 N 顆西瓜 持續 3 秒
- 詢問 字串組合 1顆西瓜 字串組合 價錢 並等待
- 廣播訊息 呼叫好心人
- 字串組合 元，我要買 字串組合 N 顆要多少錢？哪位好心人可以幫忙算？

step 2 上面有個變數 N，是代表公主想買幾顆的代數，要記得新增變數喔！

在動畫或者遊戲中為了增添趣味性，會使用與觀賞者或玩家互動的特別積木指令「詢問並等待」，這是一個讓角色發出詢問句，然後玩家必須在底下的回答視窗回覆後按下 Enter 鍵或者用滑鼠到打勾的地方按一下，動畫或遊戲才可以繼續進行。

這經常使用於教學問答、玩家遊戲成績排行榜等用途上。

> 1 顆西瓜 500 元，我要買 4 顆要多少錢？哪位好心人可以幫忙算？

動畫創作 - 歐瑪瑪公主 **4** 79

4-3　詢問的答案

step 1　設計一個「好心人」的角色來呼應「公主」的詢問句，動畫觀賞者已輸入「詢問的答案」，由這個角色來判斷計算是否正確，並加入劇情。

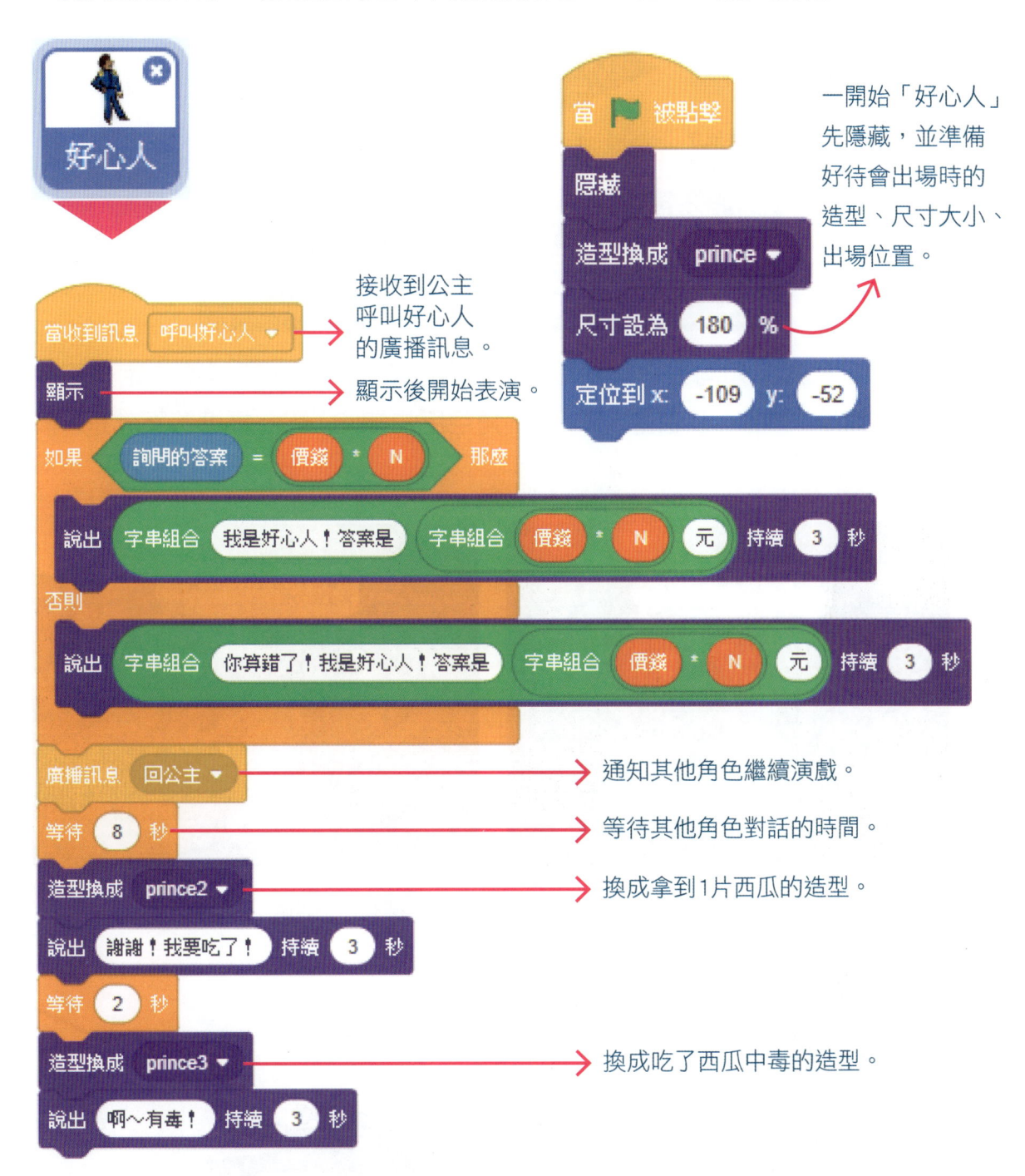

好心人

當 ▶ 被點擊
隱藏
造型換成 prince
尺寸設為 180 %
定位到 x: -109 y: -52

一開始「好心人」先隱藏，並準備好待會出場時的造型、尺寸大小、出場位置。

當收到訊息 呼叫好心人　→ 接收到公主呼叫好心人的廣播訊息。
顯示　→ 顯示後開始表演。
如果 詢問的答案 = 價錢 * N 那麼
　說出 字串組合 我是好心人！答案是 字串組合 價錢 * N 元 持續 3 秒
否則
　說出 字串組合 你算錯了！我是好心人！答案是 字串組合 價錢 * N 元 持續 3 秒

廣播訊息 回公主　→ 通知其他角色繼續演戲。
等待 8 秒　→ 等待其他角色對話的時間。
造型換成 prince2　→ 換成拿到1片西瓜的造型。
說出 謝謝！我要吃了！ 持續 3 秒
等待 2 秒
造型換成 prince3　→ 換成吃了西瓜中毒的造型。
說出 啊～有毒！ 持續 3 秒

4 用 Scratch 3.0 創作故事動畫及互動遊戲

step 2 「好心人」的程式中，有使用到「如果...那麼...否則」的條件判斷式，這類的判斷式就跟中文敘述相同，並不困難！

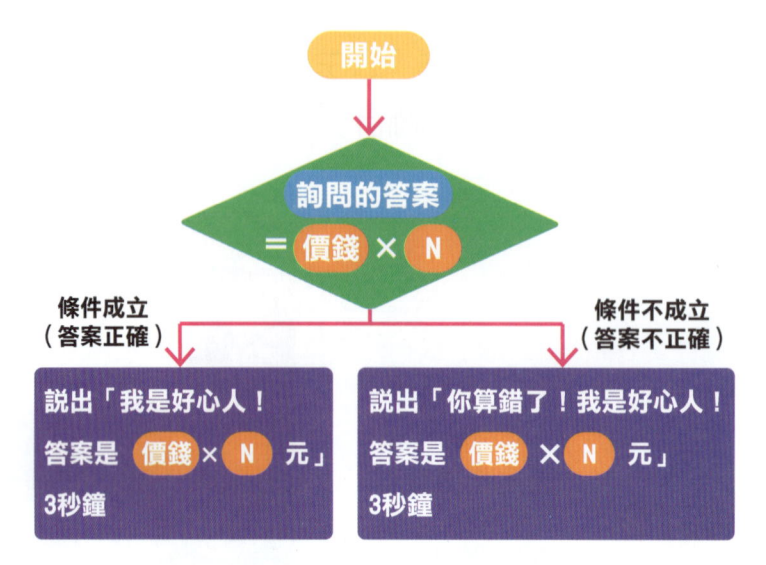

```
                    開始
                     ↓
            ┌─────────────────┐
            │   詢問的答案     │
            │  ＝ 價錢 × N    │
            └─────────────────┘
         條件成立          條件不成立
        （答案正確）       （答案不正確）
            ↓                ↓
    ┌──────────────┐  ┌──────────────────┐
    │說出「我是好心人！│  │說出「你算錯了！我是好心人！│
    │ 答案是 價錢×N 元」│  │ 答案是 價錢×N 元」│
    │   3秒鐘       │  │    3秒鐘          │
    └──────────────┘  └──────────────────┘
```

step 3 「詢問的答案」如同另一個變數，它是觀看者輸入的，所以不一定是正確答案，可是「價錢」及數量「N」都是角色所告知的，因此標準答案就是「價錢」×「N」。

畫面呈現

step 4 「好心人」程式有提到 2 個新造型，別忘記準備造型喔！

造形設計

prince2

prince3

動畫創作 - 歐瑪瑪公主 **4** 81

4-4 造型與角度

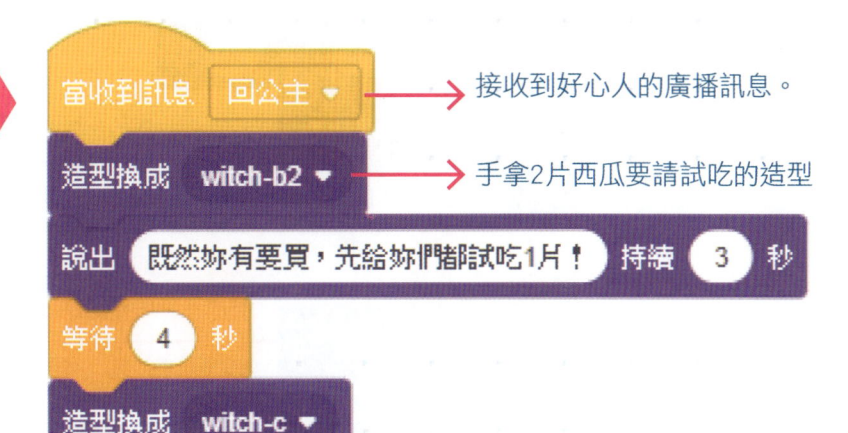

step 1

壞巫婆

- 當收到訊息 回公主 → 接收到好心人的廣播訊息。
- 造型換成 witch-b2 → 手拿2片西瓜要請試吃的造型
- 說出 既然妳有要買，先給妳們都試吃1片！ 持續 3 秒
- 等待 4 秒
- 造型換成 witch-c

畫面呈現

1. witch-a 88 x 266
2. witch-b 94 x 265
3. witch-b2 161 x 265
4. witch-c 93 x 266

既然你有要買，先給妳們都試吃1片！

謝謝！我要吃了！

到好心人的幫忙，分給你西瓜，1人1片。

4 用 Scratch 3.0 創作故事動畫及互動遊戲

step 2

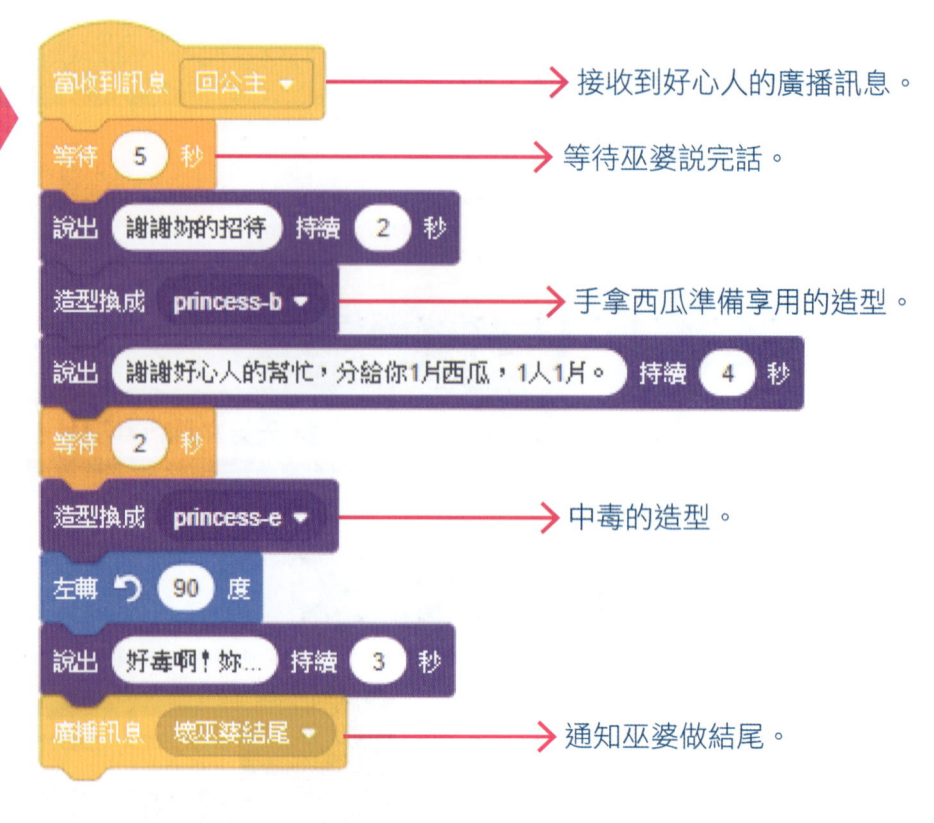

- 當收到訊息 回公主 → 接收到好心人的廣播訊息。
- 等待 5 秒 → 等待巫婆說完話。
- 說出 謝謝妳的招待 持續 2 秒
- 造型換成 princess-b → 手拿西瓜準備享用的造型。
- 說出 謝謝好心人的幫忙，分給你1片西瓜，1人1片。 持續 4 秒
- 等待 2 秒
- 造型換成 princess-e → 中毒的造型。
- 左轉 90 度
- 說出 好毒啊！妳… 持續 3 秒
- 廣播訊息 壞巫婆結尾 → 通知巫婆做結尾。

step 3 所有的造型的定義都是面朝 90 度，也就是面朝右邊，所以在製作造型的時候盡量以面朝 90 度方向的思維來設計，以中毒時的造型 princess-e 為例，看起來是站著的，所以中毒倒地發生時要再「左轉 90 度」，否則就必須在造型中直接畫倒著的造型，例如「好心人」中毒的造型 prince3。

造形設計

princess-b　　　　　　　　　　　　princess-e

動畫創作 - 歐瑪瑪公主 **4**

step 4

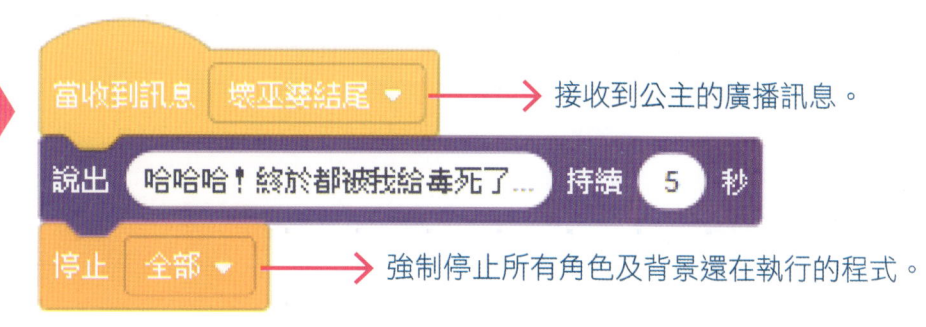

當收到訊息 壞巫婆結尾 → 接收到公主的廣播訊息。

說出 哈哈哈！終於都被我給毒死了… 持續 5 秒

停止 全部 → 強制停止所有角色及背景還在執行的程式。

step 5 故事演完了……？沒有喔！後面的劇情發展就要靠大家的想像力，繼續創作了！

Notepage

第 5 章　遊戲創作 – 打蟑螂

（範例程式請參考：「打蟑螂.sb3」）

蟑螂大軍們，快點佔領這個房間！

房間裡出現不速之客～蟑螂！
趕快幫忙打蟑螂啊！

5-1 角色動態造型製作

step 1 先給舞台一個背景及循環音效,以搭配遊戲。

step 2 此回在寫程式指令之前,先來做蟑螂的造型。我們希望讓蟑螂有走動的樣子,但是內建圖庫只有 1 個造型,所以我們可以先複製這個造型,然後修改。

在複製的造型2中,刻意的將每支腳及觸鬚轉個不同的角度,這樣當造型1和2輪替切換時,就很像在走動的樣子。

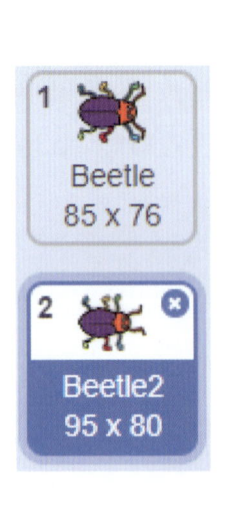

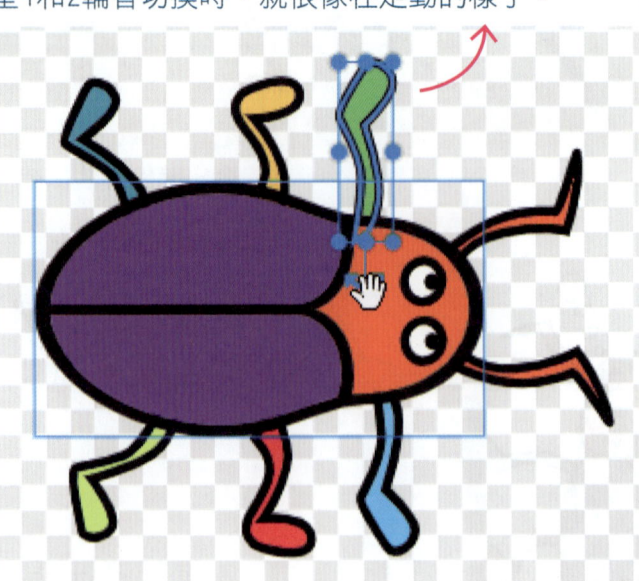

造形設計

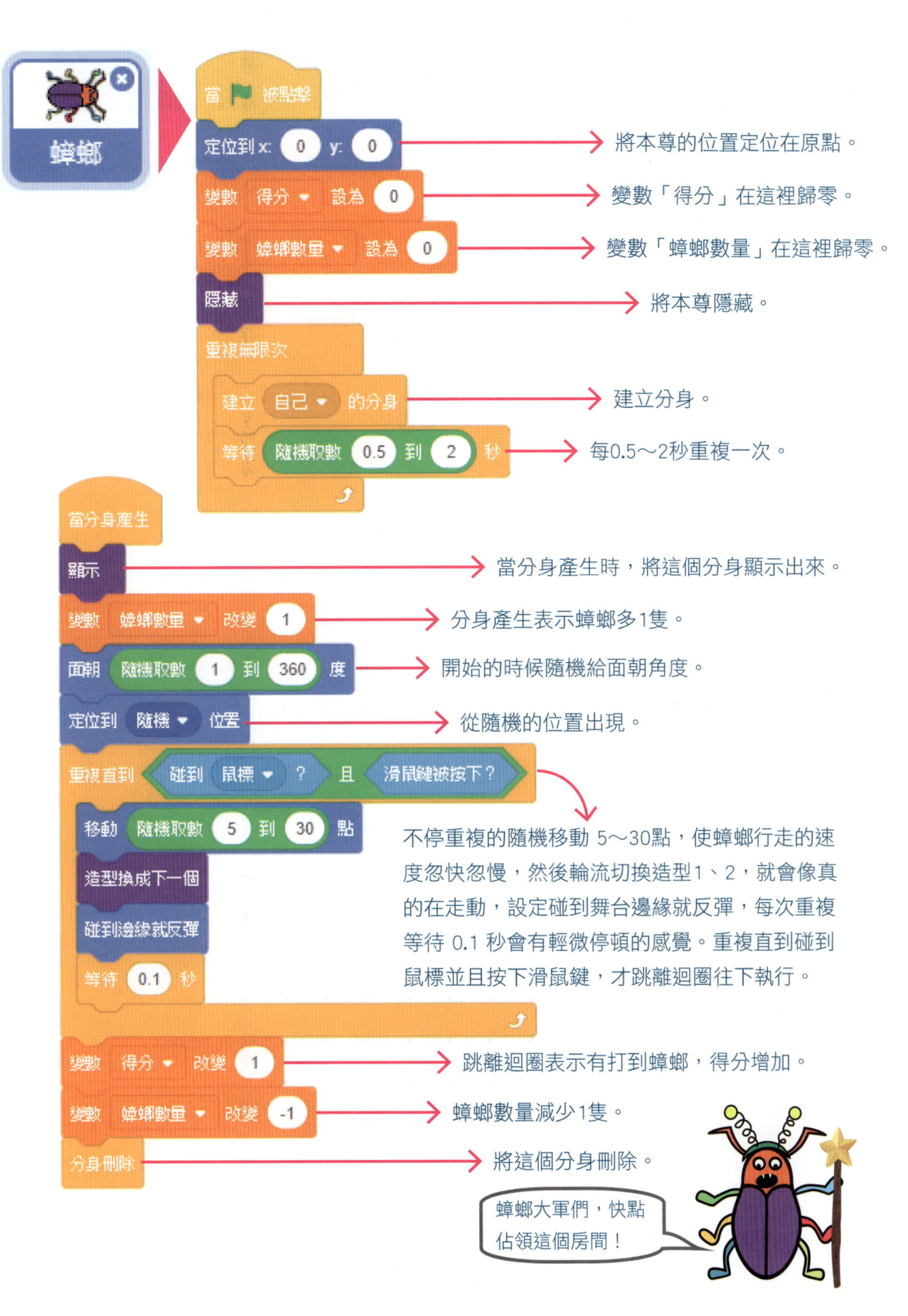

遊戲創作 - 打蟑螂 5

蟑螂

- 當 ▶ 被點擊
- 定位到 x: 0 y: 0 → 將本尊的位置定位在原點。
- 變數 得分 設為 0 → 變數「得分」在這裡歸零。
- 變數 蟑螂數量 設為 0 → 變數「蟑螂數量」在這裡歸零。
- 隱藏 → 將本尊隱藏。
- 重複無限次
  - 建立 自己 的分身 → 建立分身。
  - 等待 隨機取數 0.5 到 2 秒 → 每0.5～2秒重複一次。

- 當分身產生
- 顯示 → 當分身產生時，將這個分身顯示出來。
- 變數 蟑螂數量 改變 1 → 分身產生表示蟑螂多1隻。
- 面朝 隨機取數 1 到 360 度 → 開始的時候隨機給面朝角度。
- 定位到 隨機 位置 → 從隨機的位置出現。
- 重複直到 碰到 鼠標 ? 且 滑鼠鍵被按下?
  - 移動 隨機取數 5 到 30 點
  - 造型換成下一個
  - 碰到邊緣就反彈
  - 等待 0.1 秒

  不停重複的隨機移動 5～30點，使蟑螂行走的速度忽快忽慢，然後輪流切換造型1、2，就會像真的在走動，設定碰到舞台邊緣就反彈，每次重複等待 0.1 秒會有輕微停頓的感覺。重複直到碰到鼠標並且按下滑鼠鍵，才跳離迴圈往下執行。

- 變數 得分 改變 1 → 跳離迴圈表示有打到蟑螂，得分增加。
- 變數 蟑螂數量 改變 -1 → 蟑螂數量減少1隻。
- 分身刪除 → 將這個分身刪除。

蟑螂大軍們，快點佔領這個房間！

5-2 用角色取代鼠標

遊戲的時候如果看到的是用鼠標在打蟑螂，多少會減少趣味感，因此用個「掃把」角色來取代會好玩許多。

先在「音效區」幫「掃把」準備好揮拍的音效吧！

- 不斷的重新定位到鼠標的位置。
- 讓掃把朝向蟑螂的方向，也就是原點方向。
- 滑鼠鍵按下相當於掃把揮拍。

注意！掃把的中心位置要拉到這裡，否則內定的位置是手把的區域，打蟑螂時就會很奇怪。

5-3 等待直到

找一個適合的角色，負責當蟑螂過多時宣佈房間失守。用尖叫的方式來呈現房間失守，可以使用音效的編輯工具調整看看。

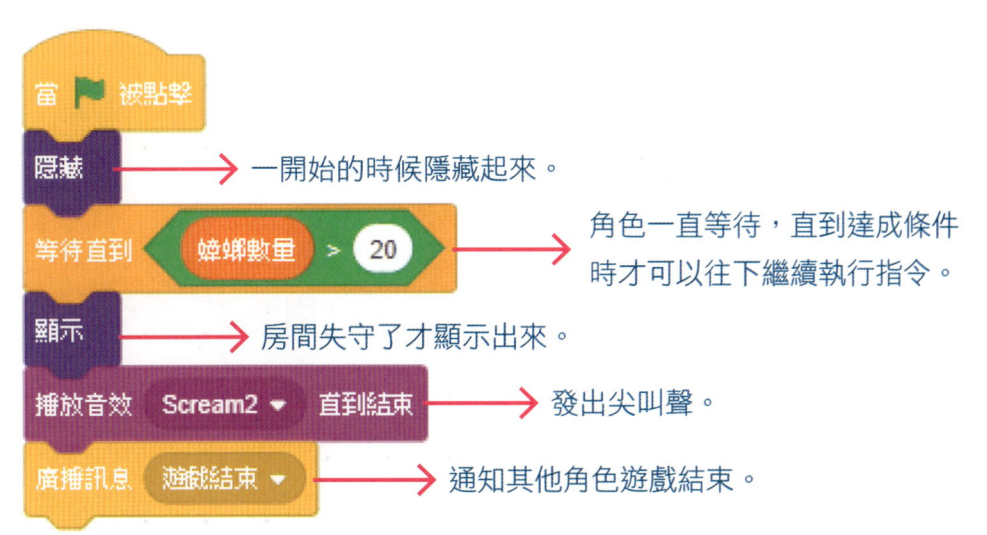

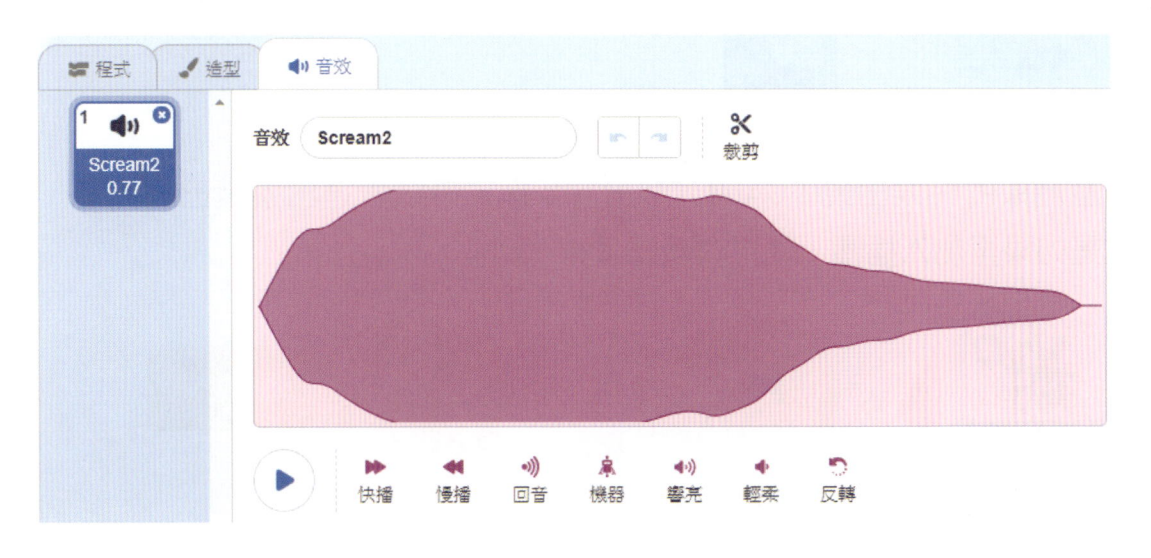

尖叫人

- 當 ▶ 被點擊
- 隱藏 → 一開始的時候隱藏起來。
- 等待直到 蟑螂數量 > 20 → 角色一直等待，直到達成條件時才可以往下繼續執行指令。
- 顯示 → 房間失守了才顯示出來。
- 播放音效 Scream2 直到結束 → 發出尖叫聲。
- 廣播訊息 遊戲結束 → 通知其他角色遊戲結束。

程式 / 造型 / 音效

Scream2 0.77

音效 Scream2　　裁剪

快播　慢播　回音　機器　響亮　輕柔　反轉

5-4 遊戲結束

step 1 當通知遊戲結束的時候，文字型角色顯示出來。

造形設計

step 2 「掃把」這個角色在收到「遊戲結束」的廣播訊息時，則希望它隱藏起來，不要遮到文字。

step 3 遊戲結束的時候出現「GAME OVER」字樣，可以表達出遊戲已經完結，但是如果再加入插圖，就更有趣味了！

遊戲創作 - 打蟑螂　5　91

step 4

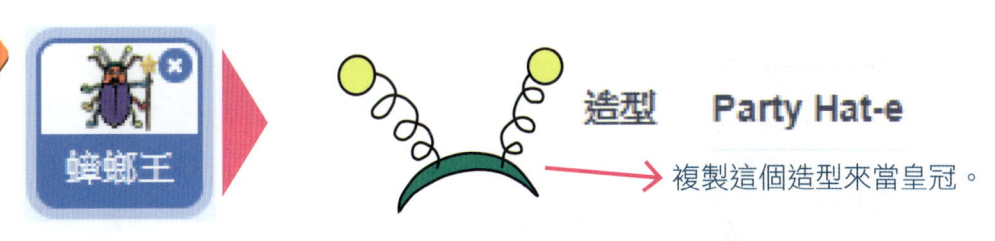

蟑螂王

造型　Party Hat-e
複製這個造型來當皇冠。

造型　Beetle
主體造型。

造型　Wand 
複製這個造型來當權杖。

造型　Bat-c
複製這個造型的嘴巴來使用。

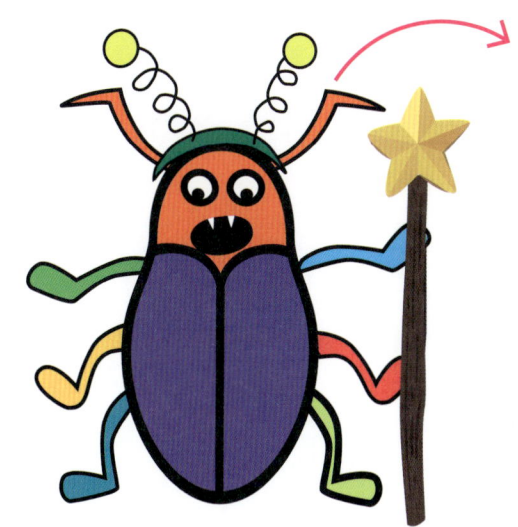

利用複製這些內建的向量圖，加以調整組合，就可以做出另一個特別有趣的造型。

想要不同風格也可以，大家來試試看！

step 5 這個遊戲的程式語法，你是否能寫出類似的遊戲？打擊魔鬼、消防滅火、打蚊子、打擊罪犯……等，靠自己的創意寫看看！

第 6 章　動畫創作―消失的魔法棒

大家好！我是哈利，就讀魔法學院。

（範例程式請參考：「消失的魔法棒.sb3」）

此專案的動畫較長，有多位角色的造型變換、場景變換、音效切換，以及角色造型的修改，期許各位學完此章後，功力大增，能開始創作屬於自己的動畫故事。

6-1 所有的劇情場景

step 1 在創作一個故事之前需要有靈感或者指定的題目,才有辦法付諸實現,以老師在寫這章動畫的專案時,想著是否能夠只以 Scratch 內建的範例角色及場景來創作,好讓學習者易於取得圖檔,基於此限制決定以魔幻故事的動畫情節來進行,先把覺得會用到的場景都拉到舞台背景區,排序一下可能的先後順序,然後依場景順序來編故事。

底下列出舞台所有用到的場景,後面章節就不再說明。

1	School 481 x 361
2	Urban 480 x 360
3	Colorful … 480 x 360
4	Savanna 480 x 360
5	Forest 480 x 360
6	Wetland 480 x 360

School

Urban

Colorful City

Savanna

Forest

Wetland

動畫創作－消失的魔法棒 **6**

Jungle

Mountain

step 2

通常動畫可能播放數次，因此需要在每次開始的時候清除圖像效果。

後面會切換數個背景，因此重新開始的時候需要指定。

step 3 音效的選用及編輯請參考「2-2 加入音效」，不一定要跟老師相同。

6-2 初期角色介紹

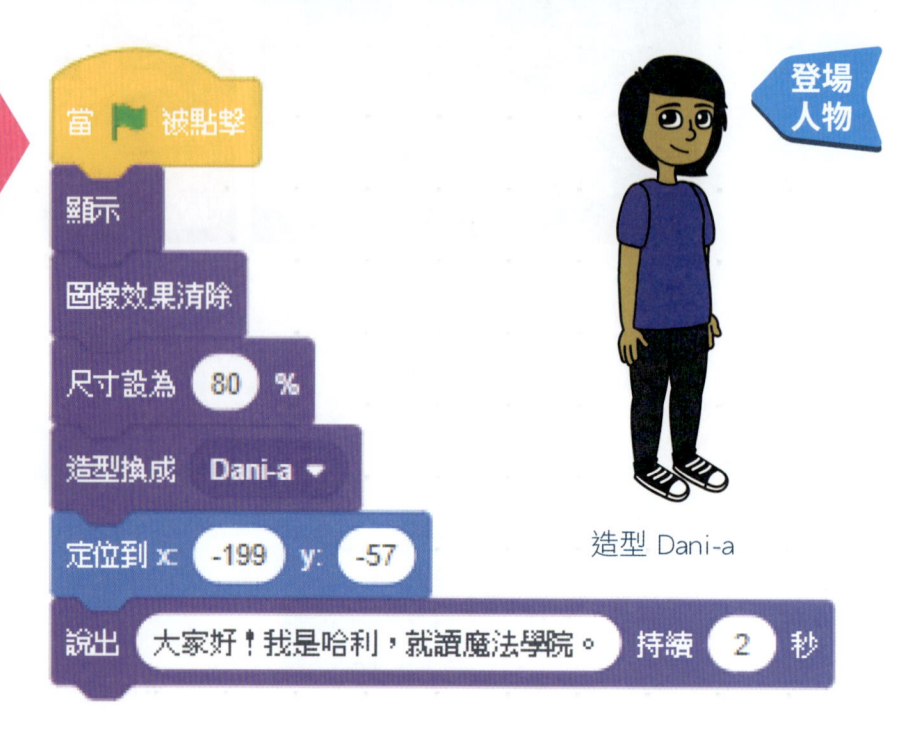

step 1

哈利 — 登場人物

當 ▶ 被點擊
顯示
圖像效果清除
尺寸設為 80 %
造型換成 Dani-a
定位到 x: -199 y: -57
說出 大家好！我是哈利，就讀魔法學院。 持續 2 秒

造型 Dani-a

step 2

榮恩 — 登場人物

當 ▶ 被點擊
顯示
尺寸設為 80 %
造型換成 Dani-c
定位到 x: -140 y: -45

造型：Dani-c

動畫創作─消失的魔法棒 **6**

97

step 3

妙麗

當 🏁 被點擊
顯示
尺寸設為 80 %
造型換成 Dani-b
定位到 x: -65 y: -55

登場人物

造型：Dani-b

step 4

麥教授

當 🏁 被點擊
顯示
圖像效果清除
尺寸設為 100 %
造型換成 witch-a
面朝 -90 度
迴轉方式設為 左-右
定位到 x: 77 y: -18

登場人物

造型：witch-a

6 用 Scratch 3.0 創作故事動畫及互動遊戲

step 5

登場人物

鄧校長

1 wizard-a 112 x 291
2 wizard-b 130 x 291

畫面呈現

麥教授，學生就交給妳了。

```
當 ▶ 被點擊
顯示
圖像效果清除
尺寸設為 100 %
造型換成 wizard-a
面朝 -90 度
迴轉方式設為 左-右
定位到 x: 159 y: -13
等待 3 秒
說出 今天是校外教學的日子，各位同學到黑森林裡要格外小心！ 持續 4 秒
造型換成 wizard-b
說出 麥教授，學生就交給妳了。 持續 3 秒
重複直到 尺寸 < 10
    圖像效果 漩渦 改變 25
    尺寸改變 -10
    等待 0.1 秒
滑行 0.5 秒到 x: -7 y: 104
播放音效 Magic Spell
隱藏
```

動畫創作—消失的魔法棒 **6** 99

step 6 校車

- 當 🏁 被點擊
- 隱藏
- 尺寸設為 200 %
- 圖層移到 最下 層
- 造型換成 City Bus-b
- 面朝 90 度
- 迴轉方式設為 左-右
- 定位到 x: -360 y: 10
- 等待 12 秒
- 顯示
- 滑行 2 秒到 x: 4 y: 10
- 廣播訊息 校車已停妥

造形設計

step 7 麥教授

- 當收到訊息 校車已停妥
- 說出 校車來了，同學們上車吧！ 持續 3 秒
- 等待 1 秒
- 重複 10 次
  - 圖像效果 像素化 改變 25
  - 尺寸改變 -10
  - 等待 0.1 秒
- 滑行 0.3 秒到 x: 169 y: 85
- 造型換成 Cat-a2
- 尺寸設為 60 %
- 圖像效果清除
- 播放音效 Magic Spell
- 說出 校車可以出發了！ 持續 2 秒
- 廣播訊息 校車出發

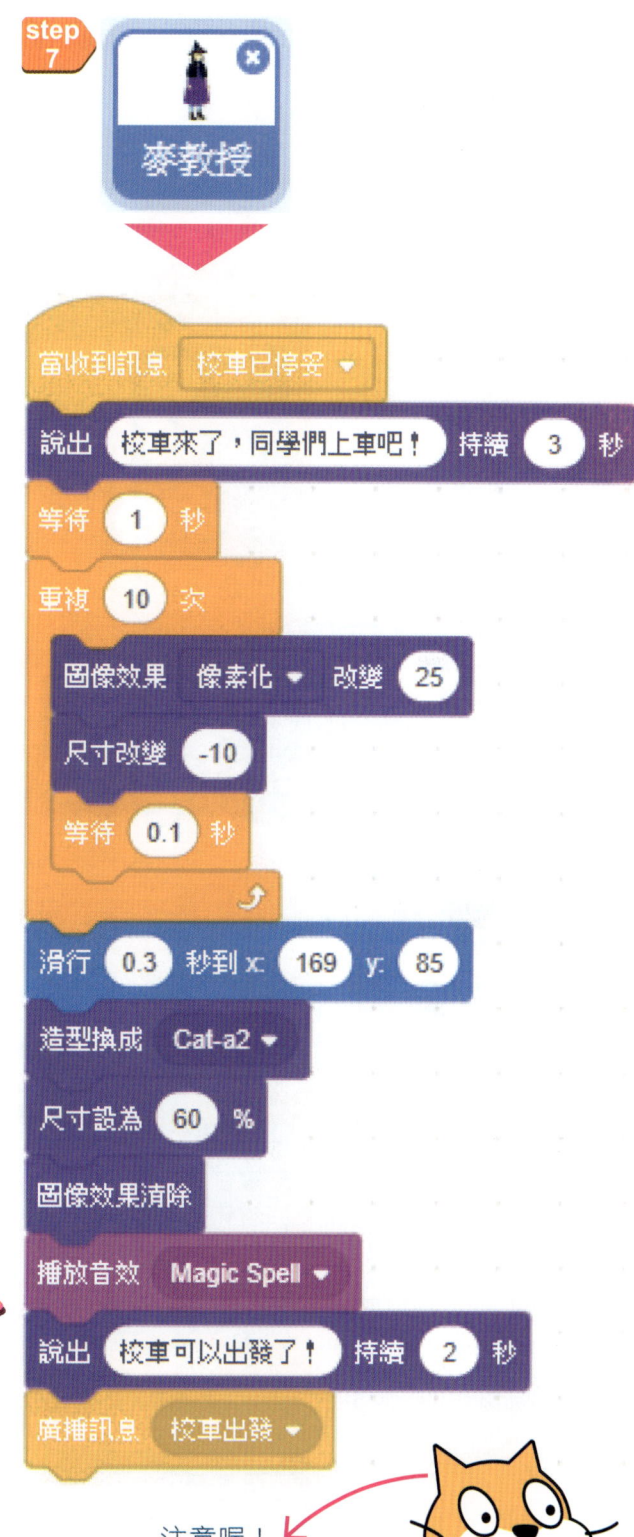

注意喔！
「造型：Cat-a2」
是麥教授的造型，
不是新角色

造型：Cat-a2

6 用 Scratch 3.0 創作故事動畫及互動遊戲

step 8 要製作老師及學生上車後的人頭造型，表示有坐在校車上。

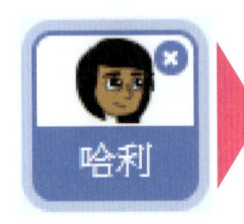

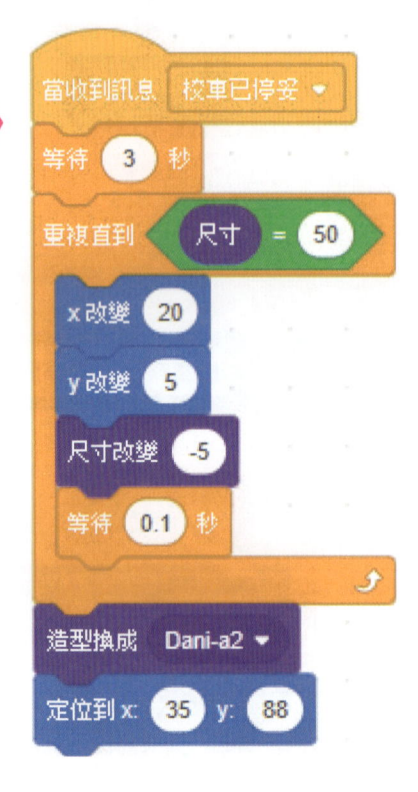

哈利

- 當收到訊息 校車已停妥
- 等待 3 秒
- 重複直到 尺寸 = 50
  - x 改變 20
  - y 改變 5
  - 尺寸改變 -5
  - 等待 0.1 秒
- 造型換成 Dani-a2
- 定位到 x: 35 y: 88

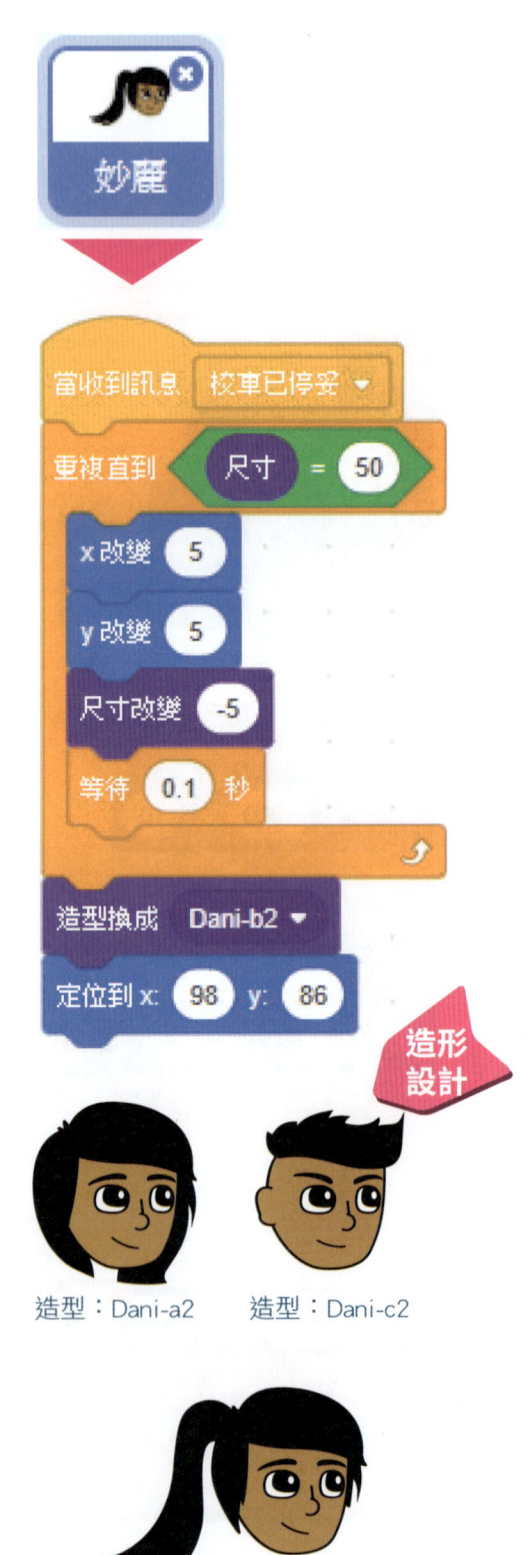

妙麗

- 當收到訊息 校車已停妥
- 重複直到 尺寸 = 50
  - x 改變 5
  - y 改變 5
  - 尺寸改變 -5
  - 等待 0.1 秒
- 造型換成 Dani-b2
- 定位到 x: 98 y: 86

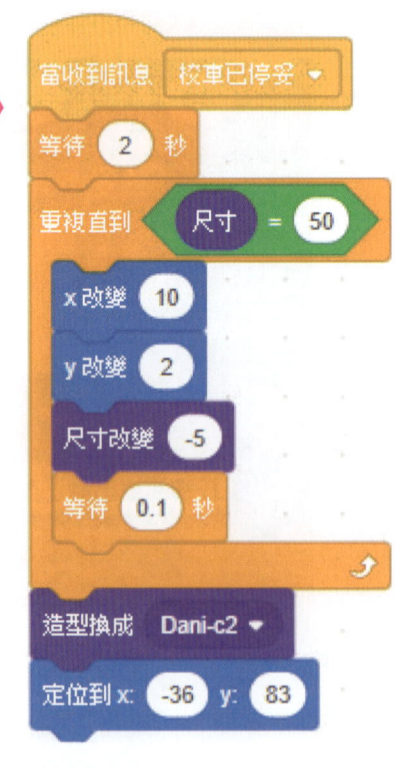

榮恩

- 當收到訊息 校車已停妥
- 等待 2 秒
- 重複直到 尺寸 = 50
  - x 改變 10
  - y 改變 2
  - 尺寸改變 -5
  - 等待 0.1 秒
- 造型換成 Dani-c2
- 定位到 x: -36 y: 83

造形設計

造型：Dani-a2　　造型：Dani-c2

造型：Dani-b2

6-3　校車行進變換場景

step 1　「校車」當「麥教授」發出「校車出發」的廣播訊息後即切換造型，要利用這個造型來表現所有角色在車上，並且經過許多的場景，到達目的地後師生下車，回到原本空車的造型。

造形設計

造型：City Bus-b2

校車

當收到訊息 校車出發
造型換成 City Bus-b2
滑行 2 秒到 x: 395 y: 10
隱藏
背景換成 Urban
定位到 x: -424 y: -23
顯示
滑行 5 秒到 x: 413 y: -61
隱藏
背景換成 Colorful City
尺寸設為 100 %
定位到 x: -313 y: -123
顯示
滑行 5 秒到 x: 324 y: -115

隱藏
背景換成 Savanna
定位到 x: -363 y: -20
尺寸設為 150 %
顯示
滑行 5 秒到 x: 361 y: -12
隱藏
背景換成 Forest
尺寸設為 200 %
顯示
定位到 x: -363 y: -20
滑行 1 秒到 x: -290 y: -20
廣播訊息 校車到達
造型換成 City Bus-b

102　**6** 用 Scratch 3.0 創作故事動畫及互動遊戲

step 2 當師生都上車坐妥，「麥教授」發出廣播訊息「校車出發」的當下，「校車」變換成有師生的造型，師生們也當立即隱藏，將表演的主控權交由「校車」角色來表現，由一個角色來移動並變換背景，比一群角色需要跟著移動要方便許多。

哈利　榮恩　妙麗　麥教授

當收到訊息 校車出發
隱藏

6-4 校車到達

step 1

麥教授

呈現畫面

各位同學，校車只能載我們到這裡，接下來要走進黑森林。

當收到訊息 校車到達
定位到 x: -123 y: 54
顯示
說出 各位同學，校車只能載我們到這裡，接下來要走進黑森林。 持續 4 秒
說出 下車時別忘了自己的魔法棒！ 持續 3 秒
重複 5 次
　圖像效果 像素化 改變 25
　尺寸改變 -10
　等待 0.1 秒
滑行 0.3 秒到 x: 181 y: -114
造型換成 Cat-a

造形設計

造型：Cat-a

🪄 程式續接下欄

動畫創作—消失的魔法棒 **6**

103

🖐 程式接續上欄

- 尺寸設為 `100` %
- 圖像效果清除
- 播放音效 `Meow`
- 說出 `哈！忘了變回原本的造型！` 持續 `2` 秒
- 重複 `5` 次
  - 圖像效果 `像素化` 改變 `25`
  - 尺寸改變 `-10`
  - 等待 `0.1` 秒
- 造型換成 `witch-a`
- 定位到 x: `189` y: `-45`
- 尺寸設為 `100` %
- 圖像效果清除
- 播放音效 `Magic Spell`
- 等待 `4` 秒
- 說出 `大家跟著我走！` 持續 `2` 秒
- 面朝 `90` 度
- 滑行 `1` 秒到 x: `264` y: `-51`
- 隱藏

step 2 妙麗

- 當收到訊息 `校車到達`
- 定位到 x: `-195` y: `55`
- 顯示
- 等待 `10` 秒
- 滑行 `0.5` 秒到 x: `-129` y: `-60`
- 造型換成 `Dani-b3`
- 滑行 `1` 秒到 x: `89` y: `-89`
- 尺寸設為 `60` %
- 等待 `6` 秒
- 滑行 `1` 秒到 x: `264` y: `-86`
- 隱藏

造形設計

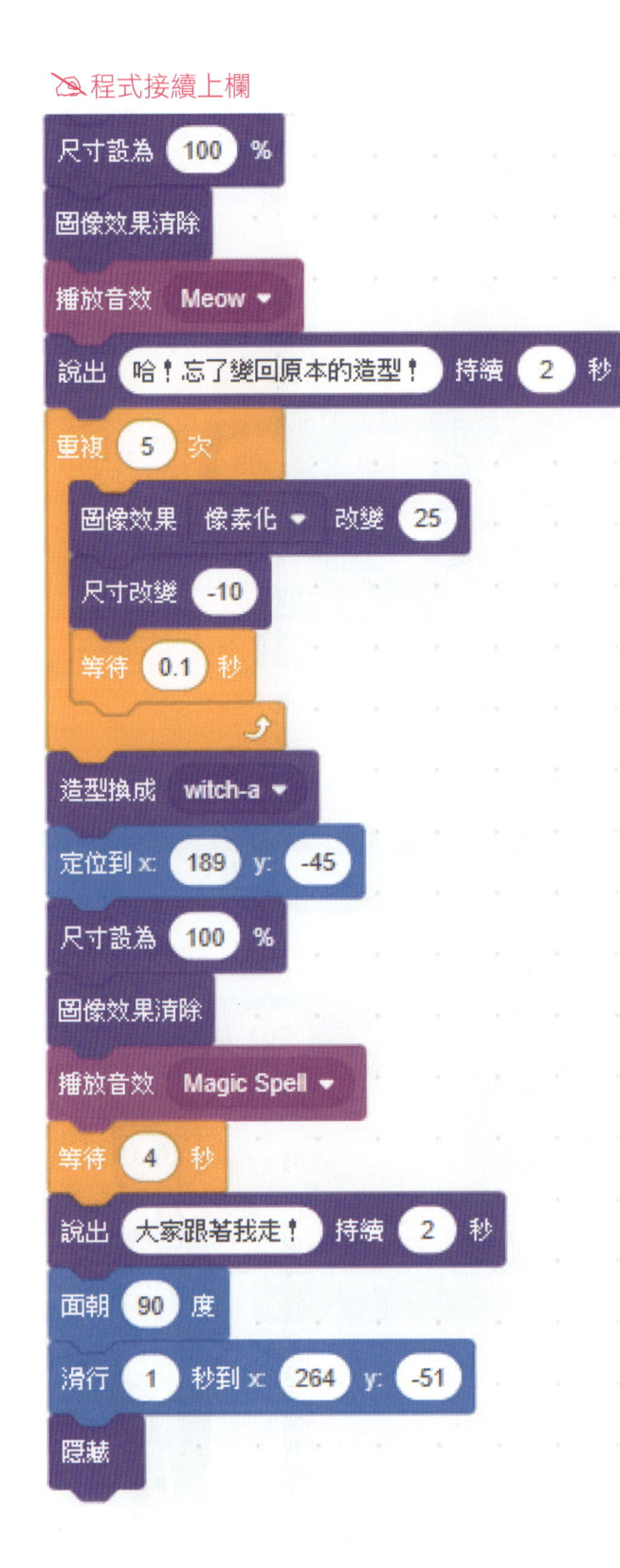

造型：Dani-b3

104　**6** 用 Scratch 3.0 創作故事動畫及互動遊戲

step 3　哈利

- 當收到訊息 校車到達
- 定位到 x: -125 y: -63
- 尺寸設為 60 %
- 造型換成 Dani-a3
- 等待 12 秒
- 顯示
- 滑行 1 秒到 x: 25 y: -87
- 等待 6 秒
- 滑行 2 秒到 x: 264 y: -86
- 隱藏

造型設計

造型：Dani-a3

step 4　榮恩

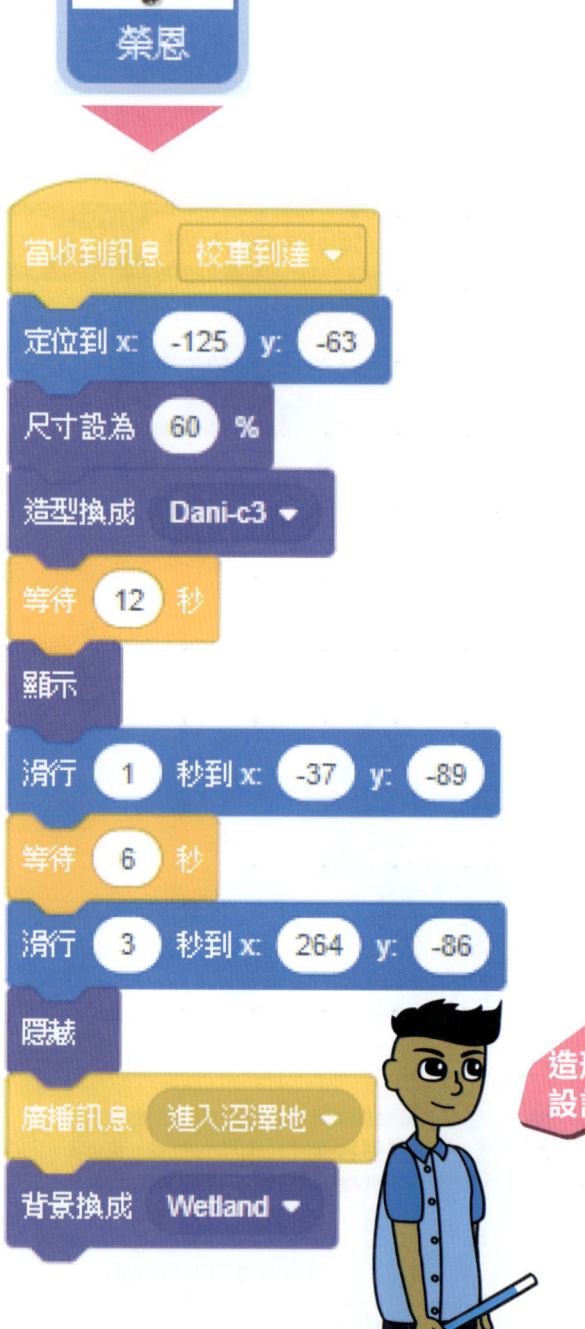

- 當收到訊息 校車到達
- 定位到 x: -125 y: -63
- 尺寸設為 60 %
- 造型換成 Dani-c3
- 等待 12 秒
- 顯示
- 滑行 1 秒到 x: -37 y: -89
- 等待 6 秒
- 滑行 3 秒到 x: 264 y: -86
- 隱藏
- 廣播訊息 進入沼澤地
- 背景換成 Wetland

造型設計

造型：Dani-c3

step 5 在校車到達黑森林入口時，我們會希望背景音樂切換成森林的聲音，所以在舞台的程式區要在收到「校車到達」訊息後，變更背景音效。

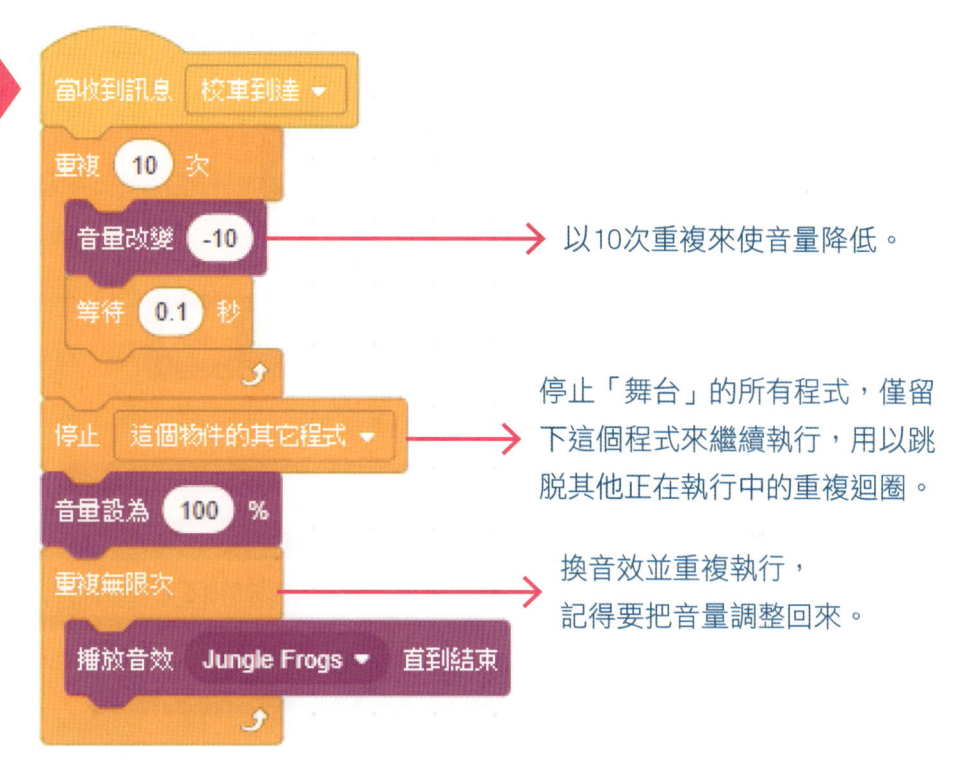

當收到訊息 校車到達

重複 10 次
　音量改變 -10
　等待 0.1 秒

→ 以10次重複來使音量降低。

停止 這個物件的其它程式

→ 停止「舞台」的所有程式，僅留下這個程式來繼續執行，用以跳脫其他正在執行中的重複迴圈。

音量設為 100 %

重複無限次
　播放音效 Jungle Frogs 直到結束

→ 換音效並重複執行，記得要把音量調整回來。

6-5　黑森林沼澤地

step 1 在上一節師生下車後，大家跟著「麥教授」，走最後的「榮恩」負責發出「進入沼澤地」的廣播訊息，並且更換背景。

畫面呈現

大家跟著我走！

今天要教各位變形學

6 用 Scratch 3.0 創作故事動畫及互動遊戲

step 2 除了以「當收到訊息」來當程式的開頭外，也可以使用「當背景換成」來做程式的開頭。

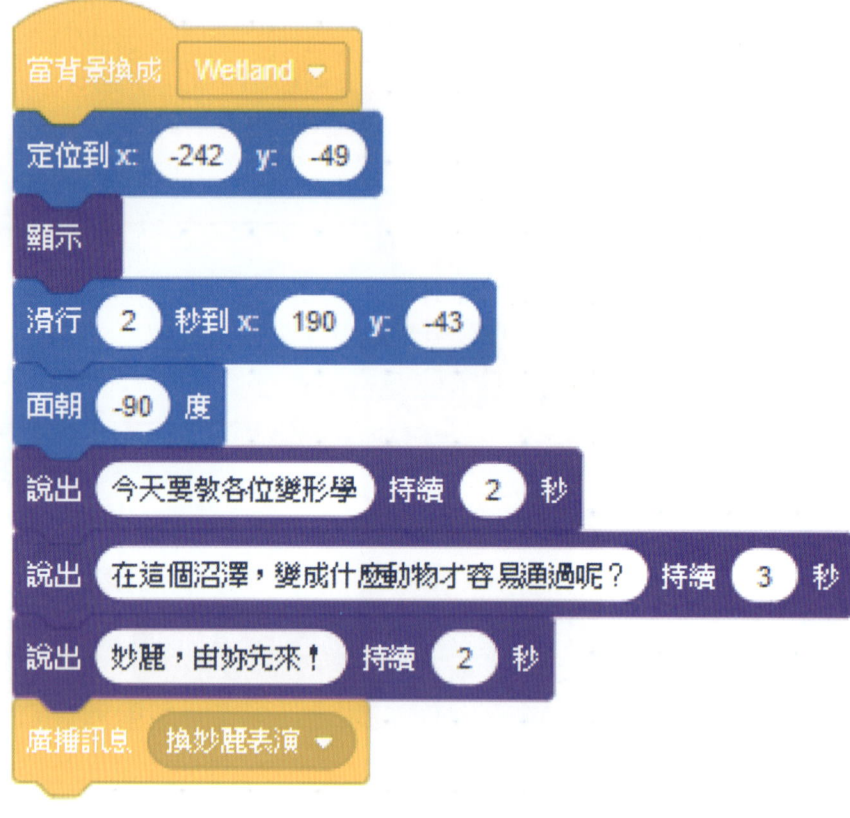

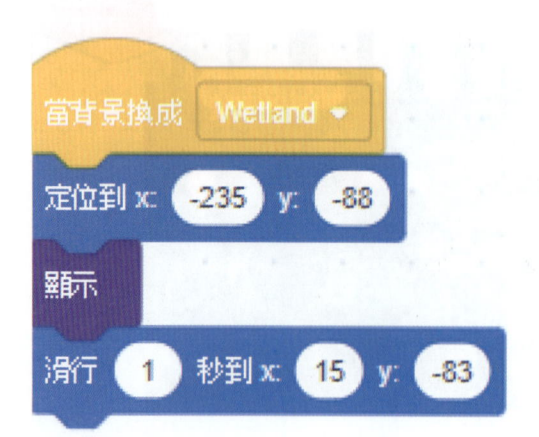

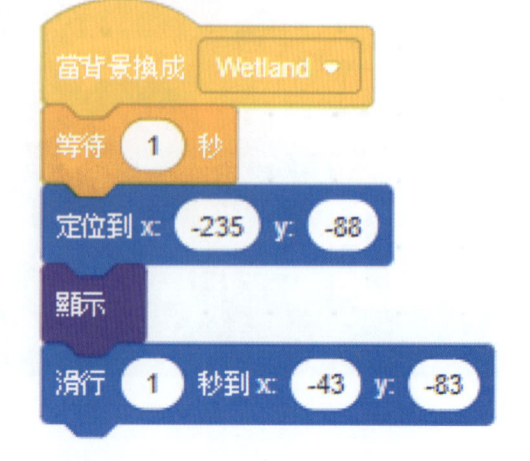

麥教授
- 當背景換成 Wetland
- 定位到 x: -242 y: -49
- 顯示
- 滑行 2 秒到 x: 190 y: -43
- 面朝 -90 度
- 說出 今天要教各位變形學 持續 2 秒
- 說出 在這個沼澤，變成什麼動物才容易通過呢？ 持續 3 秒
- 說出 妙麗，由妳先來！ 持續 2 秒
- 廣播訊息 換妙麗表演

step 3 妙麗
- 當背景換成 Wetland
- 定位到 x: -235 y: -88
- 顯示
- 滑行 1 秒到 x: 15 y: -83

step 4 哈利
- 當背景換成 Wetland
- 等待 1 秒
- 定位到 x: -235 y: -88
- 顯示
- 滑行 1 秒到 x: -43 y: -83

動畫創作─消失的魔法棒 **6**

107

step 5 榮恩

當背景換成 Wetland
等待 2 秒
定位到 x: -235 y: -88
顯示
滑行 1 秒到 x: -101 y: -88

step 6 校車

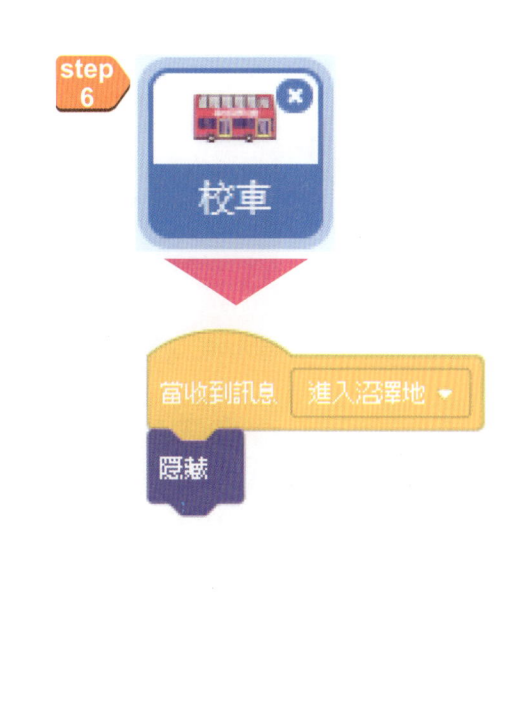

當收到訊息 進入沼澤地
隱藏

6-6 變形學課程

step 1 從魔法學校去校外教學的目的是要上變形學課程，因此這邊就很好發揮了，想要讓角色變換成什麼造型就沒限制。

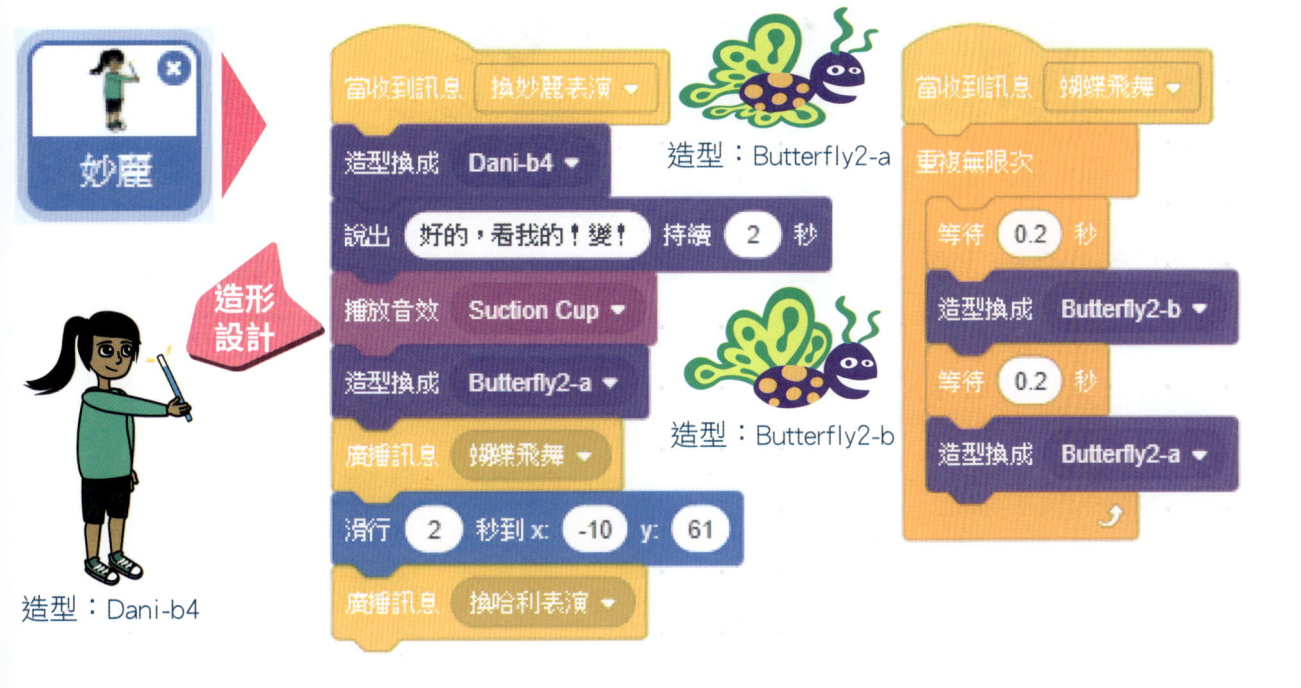

妙麗　造形設計

當收到訊息 換妙麗表演
造型換成 Dani-b4
說出 好的，看我的！變！ 持續 2 秒
播放音效 Suction Cup
造型換成 Butterfly2-a
廣播訊息 蝴蝶飛舞
滑行 2 秒到 x: -10 y: 61
廣播訊息 換哈利表演

造型：Butterfly2-a
造型：Butterfly2-b

當收到訊息 蝴蝶飛舞
重複無限次
　等待 0.2 秒
　造型換成 Butterfly2-b
　等待 0.2 秒
　造型換成 Butterfly2-a

造型：Dani-b4

step 2

哈利

當收到訊息 換哈利表演 ▼
造型換成 Dani-a4 ▼
說出 換我了！變！ 持續 2 秒
播放音效 Sneaker Squeak ▼
造型換成 Bat-a ▼
廣播訊息 蝙蝠飛舞 ▼
滑行 1 秒到 x: 77 y: 26
廣播訊息 換榮恩表演 ▼

當收到訊息 蝙蝠飛舞 ▼
重複無限次
　等待 0.1 秒
　造型換成 Bat-b ▼
　等待 0.1 秒
　造型換成 Bat-a ▼

畫面呈現

換我了！變！

造形設計

造型：Bat-a

造型：Dani-a4

造型：Bat-b

step 3

各位有注意到了嗎？「妙麗」與「哈利」所變的造型都是會飛舞的，所以都另外寫一個廣播訊息，讓翅膀保持飛舞，這樣子原本的程式就可以繼續運作行動，並且保持飛舞狀態。

動畫創作—消失的魔法棒 **6**　109

step 4

榮恩

畫面呈現

哈～換我！變！

造形設計

造型：Wizard-toad-a

造型：Dani-c4　造型：Wizard-toad-b

當收到訊息 換榮恩表演 ▼
面朝 90 度
造型換成 Dani-c4 ▼
說出 哈～換我！變！ 持續 2 秒
播放音效 Boing ▼
造型換成 Wizard-toad-a ▼
定位到 x: -57 y: -107
播放音效 Croak ▼
造型換成 Wizard-toad-b ▼
滑行 0.5 秒到 x: -15 y: -86
右轉 ↻ 15 度
等待 0.1 秒
右轉 ↻ 15 度
滑行 0.5 秒到 x: 30 y: -132
面朝 90 度
造型換成 Wizard-toad-a ▼
廣播訊息 換麥教授表演 ▼

110　**6** 用 Scratch 3.0 創作故事動畫及互動遊戲

step 5

麥教授

當收到訊息 換麥教授表演
說出 大家變的角色都很好！ 持續 3 秒
播放音效 Magic Spell
造型換成 Dragonfly-a
尺寸設為 70 %
廣播訊息 蜻蜓飛舞

當收到訊息 蜻蜓飛舞
重複無限次
　等待 0.1 秒
　造型換成 Dragonfly-b
　等待 0.1 秒
　造型換成 Dragonfly-a

造形設計

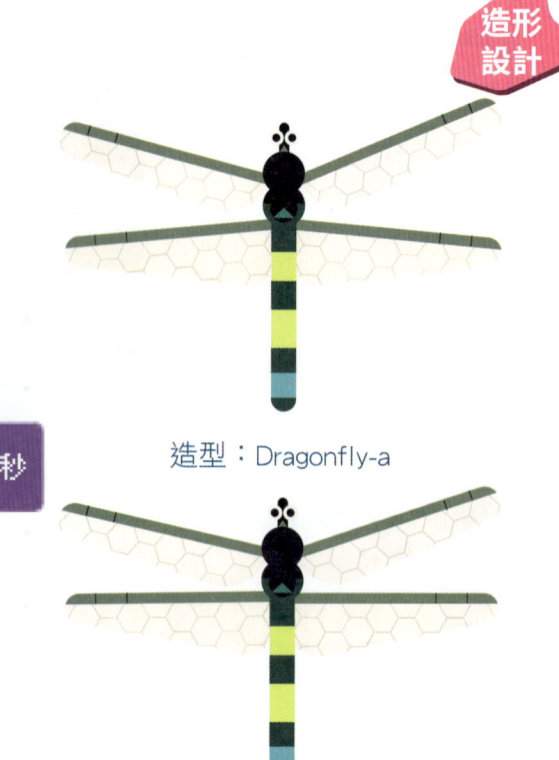

造型：Dragonfly-a

造型：Dragonfly-b

畫面呈現

6-7 佛地魔來了

魔幻界最黑暗、陰險、殺人不眨眼的反派角色「佛地魔」一直躲藏在黑森林裡，終於等待到機會出來表現一下！

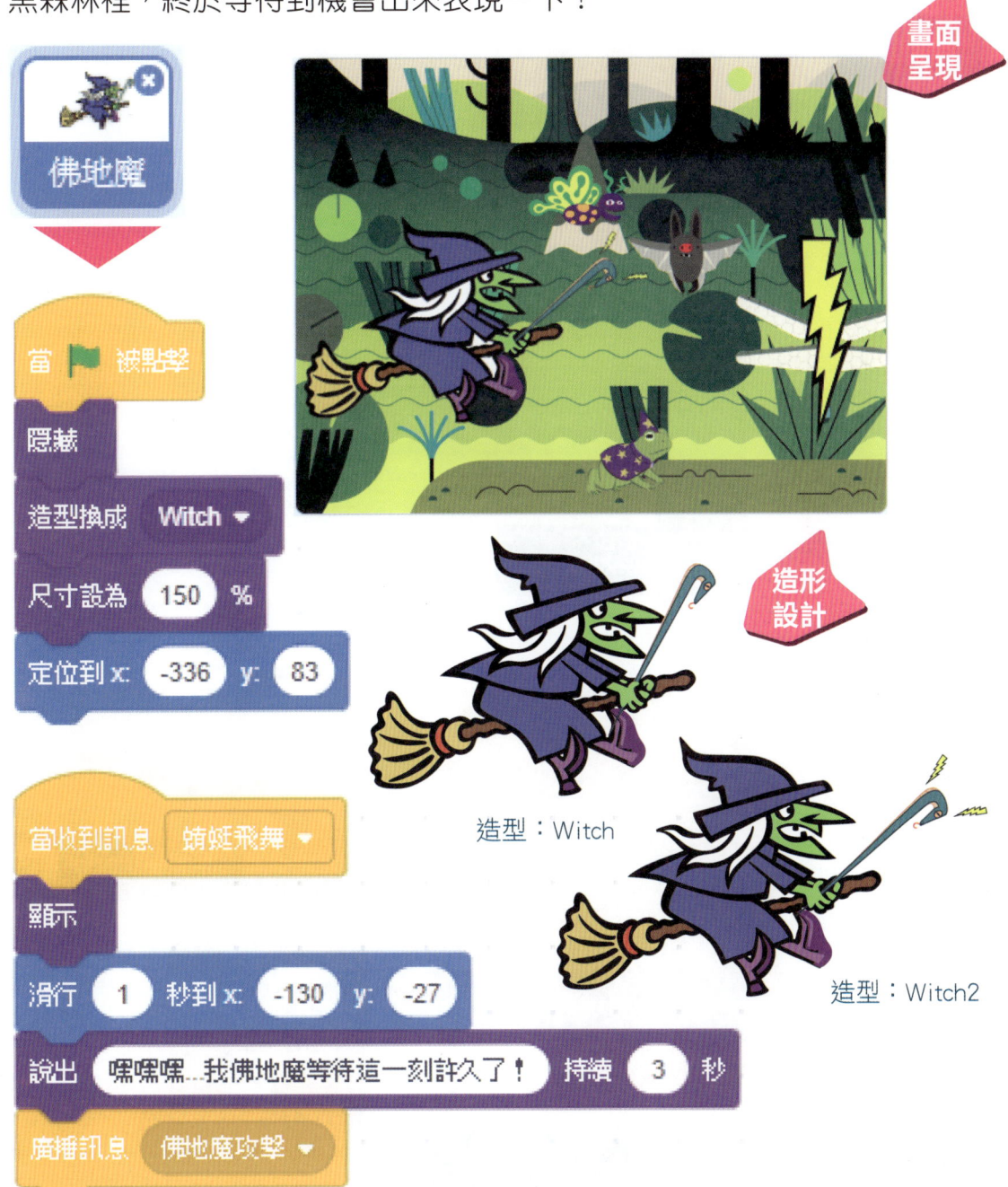

step 1 佛地魔

當 ▶ 被點擊
隱藏
造型換成 Witch
尺寸設為 150 %
定位到 x: -336 y: 83

當收到訊息 蜻蜓飛舞
顯示
滑行 1 秒到 x: -130 y: -27
說出 嘿嘿嘿…我佛地魔等待這一刻許久了！ 持續 3 秒
廣播訊息 佛地魔攻擊

畫面呈現

造形設計

造型：Witch

造型：Witch2

6 用 Scratch 3.0 創作故事動畫及互動遊戲

step 2 「佛地魔」出場的時候，要讓場面瞬間緊張起來，戲劇才會有張力，最快的方法就是使用快節奏音效，搭配閃動的背景畫面，效果就出來了！

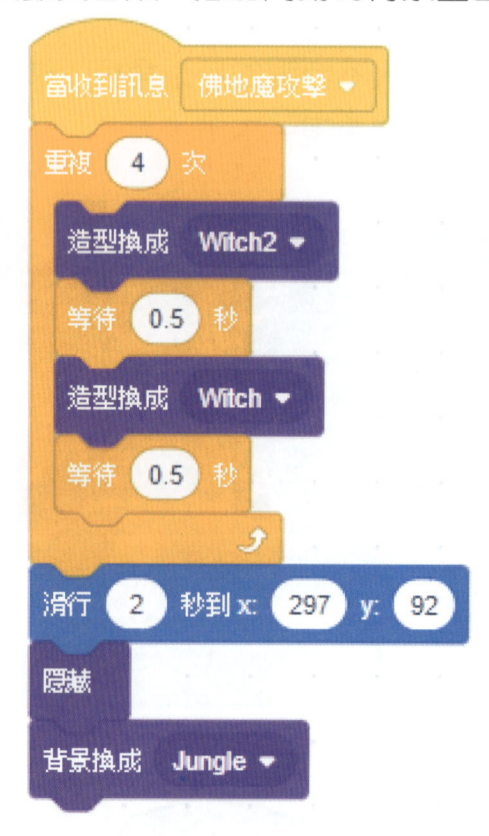

佛地魔

```
當收到訊息 佛地魔攻擊
重複 4 次
    造型換成 Witch2
    等待 0.5 秒
    造型換成 Witch
    等待 0.5 秒
滑行 2 秒到 x: 297 y: 92
隱藏
背景換成 Jungle
```

step 3

舞台

```
當收到訊息 佛地魔攻擊
停止 這個物件的其它程式
廣播訊息 背景閃動
重複無限次
    播放音效 Movie 2 直到結束
```

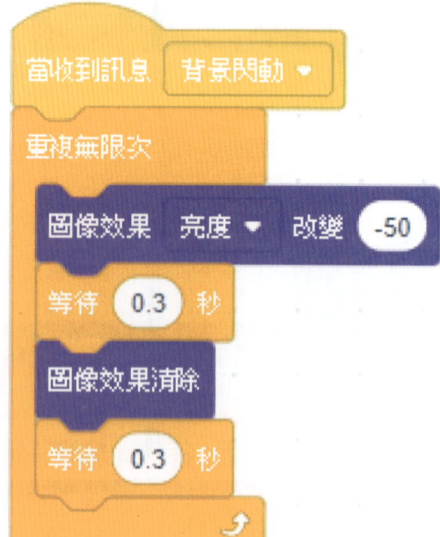

```
當收到訊息 背景閃動
重複無限次
    圖像效果 亮度 改變 -50
    等待 0.3 秒
    圖像效果清除
    等待 0.3 秒
```

動畫創作—消失的魔法棒 6

step 4 「閃電」隨著佛地魔揮動魔法棒，快速定位至角色的位置，顯示一下即隱藏，就像是角色被閃電打到一般。

閃電

當 ▶ 被點擊
隱藏

當收到訊息 佛地魔攻擊
定位到 麥教授 位置
顯示
等待 0.4 秒
播放音效 Teleport2 直到結束
隱藏
定位到 榮恩 位置
顯示
等待 0.4 秒
播放音效 Teleport2 直到結束
隱藏
定位到 妙麗 位置
顯示
等待 0.4 秒
播放音效 Teleport2 直到結束
隱藏
定位到 x: 77 y: 26
顯示
等待 0.4 秒
播放音效 Teleport2 直到結束
隱藏

畫面呈現

# 6 用 Scratch 3.0 創作故事動畫及互動遊戲

step 5 「麥教授」、「榮恩」、「妙麗」都被石化變成石頭，因此要記得替這三個角色加入石頭的造型。

麥教授
- 當收到訊息 佛地魔攻擊
- 說出 糟了！大家快逃～ 持續 2 秒
- 停止 這個物件的其它程式
- 造型換成 Rocks
- 滑行 0.5 秒到 x: 195 y: -109

榮恩
- 當收到訊息 佛地魔攻擊
- 等待 0.5 秒
- 造型換成 Rocks

造形設計

造型：Rocks

妙麗
- 當收到訊息 佛地魔攻擊
- 等待 3 秒
- 停止 這個物件的其它程式
- 造型換成 Rocks
- 滑行 1 秒到 x: -12 y: -109

6-8 逃出魔掌

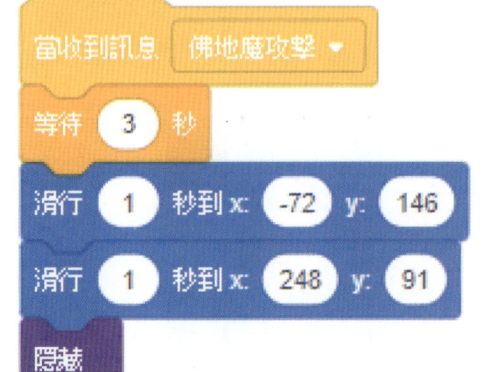

step 1 哈利

當收到訊息 佛地魔攻擊
等待 3 秒
滑行 1 秒到 x: -72 y: 146
滑行 1 秒到 x: 248 y: 91
隱藏

當背景換成 Jungle
定位到 x: -237 y: 67
顯示
滑行 1 秒到 x: -64 y: -18
說出 我變個分身來擾亂佛地魔！變！ 持續 3 秒
播放音效 Sneaker Squeak
建立 自己 的分身
說出 快逃！ 持續 2 秒
滑行 1 秒到 x: 250 y: 76
隱藏

step 2 閃電

當背景換成 Jungle
定位到 x: 11 y: 114
等待 10 秒
顯示
等待 0.4 秒
播放音效 Teleport2 直到結束
隱藏

畫面呈現

6 用 Scratch 3.0 創作故事動畫及互動遊戲

step 3 緊追在後的「佛地魔」也進入到 Jungle 的場景，揮動一下蛇形魔法棒並沒有把「哈利」變成石頭，發現竟然是分身，把人追丟了。

step 4 哈利

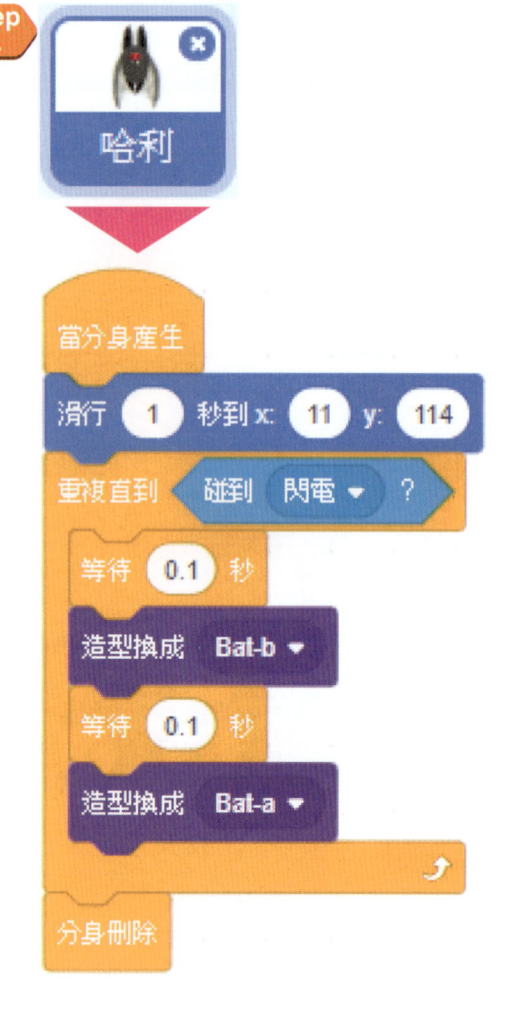

當分身產生
滑行 1 秒到 x: 11 y: 114
重複直到 碰到 閃電 ?
　等待 0.1 秒
　造型換成 Bat-b
　等待 0.1 秒
　造型換成 Bat-a
分身刪除

佛地魔

當背景換成 Jungle
等待 8 秒
定位到 x: -322 y: 29
顯示
滑行 1 秒到 x: -153 y: 60
造型換成 Witch2
等待 0.5 秒
造型換成 Witch
等待 1 秒
說出 可惡！哈利，我會找到你的！ 持續 3 秒
背景換成 Mountain   → 切換場景。

畫面呈現

可惡！哈利，我會找到你的！

step 5 麥教授　榮恩　妙麗

當背景換成 Jungle
隱藏   → 三位角色進入這個場景需要隱藏。

6-9 遺失魔法棒

「哈利」順利逃脫出來，來到新的場景，就在變回原本造型時，不小心把魔法棒掉到山洞裡。此時的場景已脫離危險，所以背景要停止閃動，音效也要變更較緩和的。

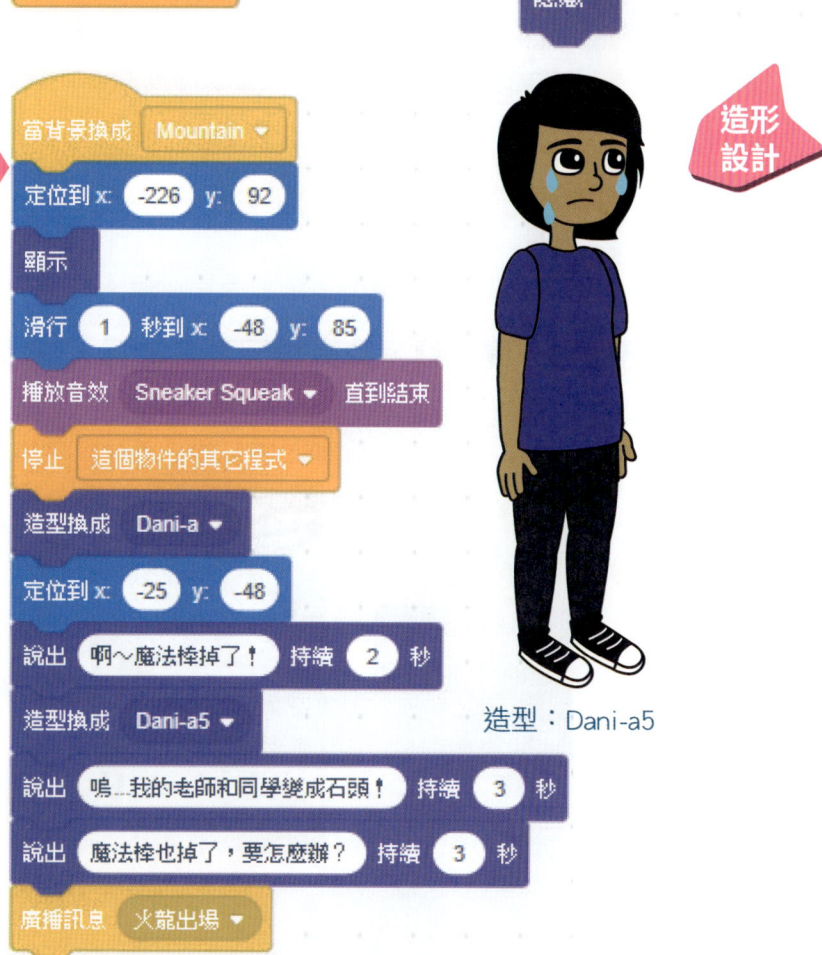

step 1 舞台

```
當背景換成 Mountain
停止 這個物件的其它程式
圖像效果清除
重複無限次
    播放音效 Mystery 直到結束
```

step 3 佛地魔

```
當背景換成 Mountain
隱藏
```

step 2 哈利

```
當背景換成 Mountain
定位到 x: -226 y: 92
顯示
滑行 1 秒到 x: -48 y: 85
播放音效 Sneaker Squeak 直到結束
停止 這個物件的其它程式
造型換成 Dani-a
定位到 x: -25 y: -48
說出 啊～魔法棒掉了！ 持續 2 秒
造型換成 Dani-a5
說出 嗚...我的老師和同學變成石頭！ 持續 3 秒
說出 魔法棒也掉了，要怎麼辦？ 持續 3 秒
廣播訊息 火龍出場
```

造形設計

造型：Dani-a5

6 用 Scratch 3.0 創作故事動畫及互動遊戲

step 4 前面提到「魔法棒」不小心掉到山洞，因此要另外做一個角色，來表現旋轉掉落到山洞。

造型設計
造型：magicwand

畫面呈現

對話：啊～魔法棒掉了！

魔法棒程式：
- 當背景換成 Mountain
- 尺寸設為 70 %
- 定位到 x: 3 y: 88
- 等待 1.5 秒
- 顯示
- 重複直到 y 座標 < -18
  - x 改變 15
  - y 改變 -10
  - 右轉 15 度
  - 等待 0.1 秒
- 隱藏

當 ▶ 被點擊
- 隱藏

朝向山洞的位置逐步改變座標，直到掉落的高度剛好是山洞的位置後隱藏。

step 5 這個山洞中剛好住著一隻火龍，負責看守著魔法石，等待著有一天會出現的魔法師。所以要再增加一個「火龍」的角色。

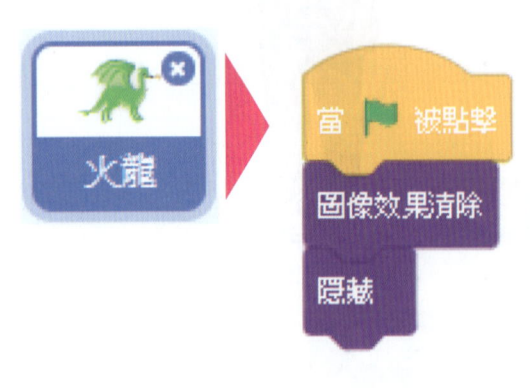

火龍程式：
- 當 ▶ 被點擊
- 圖像效果清除
- 隱藏

畫面呈現

對話：這是你掉的魔法棒嗎？

動畫創作—消失的魔法棒 **6**　119

step 6

需要花點時間來幫「火龍」做造型，牠要看看「哈利」是不是一個誠實的巫師，因此前後拿出不同的寶物來問是不是這個，第三次拿出正確的魔法棒，「哈利」誠實的說是他的，於是「火龍」拿進去山洞與魔法石合成出特製的魔法棒，並加贈飛天掃帚。

造形設計

造型：dragon-a

造型：dragon-a2

造型：dragon-a3

造型：dragon-a4

造型：dragon-a5

→ 魔法師必備的飛天掃帚，這是高檔飛快的閃電2000。

→ 魔法師必備的魔法棒，這是神秘山洞火龍看守的魔法石合成的法力增強魔法棒。

6 用 Scratch 3.0 創作故事動畫及互動遊戲

step 7 火龍

當收到訊息 火龍出場
定位到 x: 112 y: 62
迴轉方式設為 左-右
面朝 -90 度
尺寸設為 70 %
造型換成 dragon-a2
顯示
播放音效 Magic Spell
說出 這是你掉的魔法棒嗎？ 持續 2 秒

畫面呈現

等待 2 秒
面朝 90 度
等待 1 秒
隱藏
等待 1 秒
造型換成 dragon-a3
顯示
面朝 -90 度
播放音效 Magic Spell
說出 這是你掉的魔法棒嗎？ 持續 2 秒

程式續接下欄

動畫創作—消失的魔法棒 **6** 121

✍ 程式接續上欄

```
等待 2 秒
面朝 90 度
等待 1 秒
隱藏
等待 1 秒
造型換成 dragon-a4
顯示
面朝 -90 度
播放音效 Magic Spell
說出 這是你掉的魔法棒嗎? 持續 2 秒
等待 2 秒
說出 由於你的誠實,我要給你一些更好的! 持續 3 秒
面朝 90 度
等待 1 秒
隱藏
等待 1 秒
造型換成 dragon-a5
顯示
```

畫面呈現

這是你掉的魔法棒嗎?

我是魔法學院鄧校長安排看守魔法石的火龍

✍ 程式續接下欄

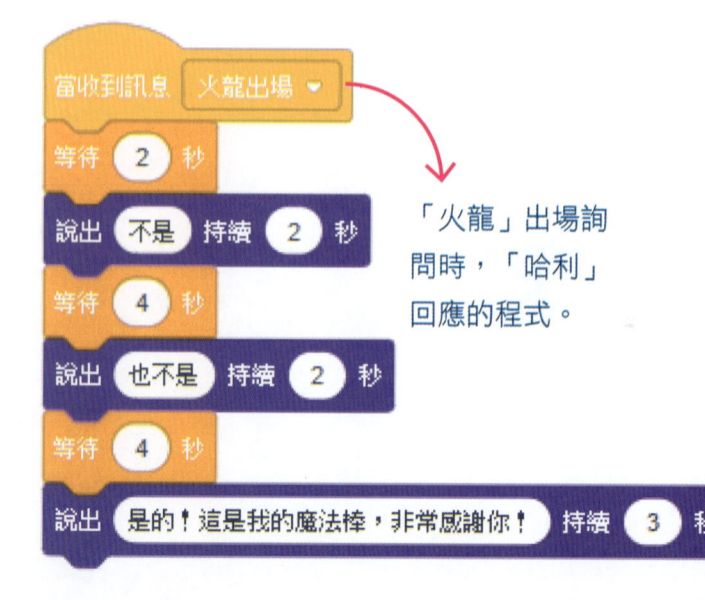

6 用 Scratch 3.0 創作故事動畫及互動遊戲

🖋 程式接續上欄

```
面朝 -90 度
播放音效 Magic Spell
說出 我是魔法學院鄧校長安排看守魔法石的火龍 持續 3 秒
說出 他交待有一天會有誠實的魔法師需用上！ 持續 3 秒
說出 看來就是你了！ 持續 2 秒
說出 這是用魔法石合成的魔法棒 持續 2 秒
說出 還有這是閃電2000也送給你 持續 2 秒
廣播訊息 魔法棒交給哈利
造型換成 dragon-a
等待 12 秒
重複 10 次
    圖像效果 幻影 改變 10
    等待 0.3 秒
隱藏
```

step 8 哈利

```
當收到訊息 火龍出場
等待 2 秒
說出 不是 持續 2 秒
等待 4 秒
說出 也不是 持續 2 秒
等待 4 秒
說出 是的！這是我的魔法棒，非常感謝你！ 持續 3 秒
```

「火龍」出場詢問時，「哈利」回應的程式。

6-10 魔法石再現

step 1 哈利

「火龍」將魔法石合成的魔法棒交給「哈利」，並贈與飛天掃帚閃電 2000，使「哈利」的功力及裝備大增，整個人閃亮起來！這時候背景音效要改一下，呼叫結束字幕。

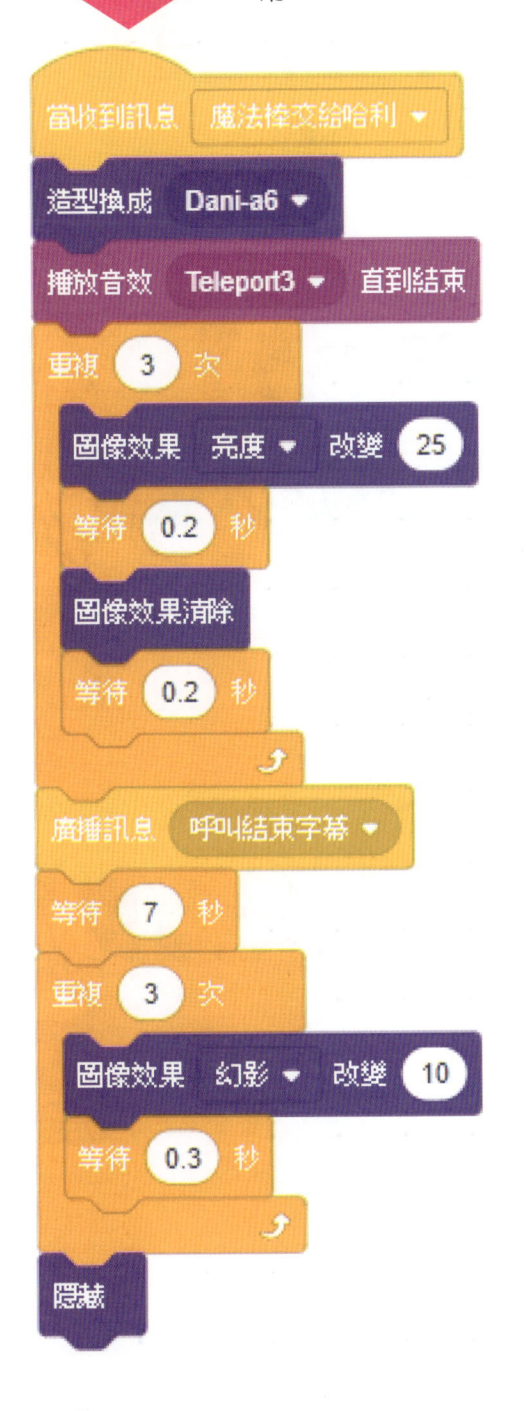

step 2 舞台

哈利程式：
- 當收到訊息 魔法棒交給哈利
- 造型換成 Dani-a6
- 播放音效 Teleport3 直到結束
- 重複 3 次
  - 圖像效果 亮度 改變 25
  - 等待 0.2 秒
  - 圖像效果清除
  - 等待 0.2 秒
- 廣播訊息 呼叫結束字幕
- 等待 7 秒
- 重複 3 次
  - 圖像效果 幻影 改變 10
  - 等待 0.3 秒
- 隱藏

舞台程式：
- 當收到訊息 魔法棒交給哈利
- 等待 2 秒
- 停止 這個物件的其它程式
- 播放音效 Movie 1 直到結束
- 重複 10 次
  - 圖像效果 亮度 改變 10
  - 等待 0.3 秒

造形設計

造型：Dani-a6

6 用 Scratch 3.0 創作故事動畫及互動遊戲

step 3 動畫故事寫到這邊，片長約 3 分鐘，先以「未完待續」這個文字型角色來做個動畫結尾，後面的故事讓同學們發揮創意，以新的專題來繼續編寫後面的續集。

造形設計

未完待續...

造型：未完待續

畫面呈現

第 7 章　遊戲創作 - 企鵝出任務

鍵盤的功能

跳　左　右　　　Z: 加速
↑　←　→　　　空白鍵: 發射冰塊

要搜集3個魔法寶石，才能往上一層。

最上層搜集3個魔法寶石，才能取得鑰匙。

體力值　　　　要注意體力值的損失。

企鵝出任務

按空白鍵開始遊戲

（範例程式請參考：「企鵝出任務.sb3」）

請帶著企鵝出任務
逃離鯊魚、前往北極～

7-1 遊戲規則

step 1 企鵝安安看電視說溫室效應造成全球暖化，北極冰山正逐漸融化中，海水也因此逐漸上升，造成生態上的浩劫，由於身懷特異功能「吐冰塊」，決定要到北極出任務盡一己之力，看能否將融化的冰山給凍結。

- 在前往北極之前，企鵝得先離開目前居住的地方，須想辦法爬到山上搭乘「飛行車」，每一層須搜集到 3 個魔法寶石，才能往上一層，最上層也須搜集 3 個寶石才可以取得飛行車的鑰匙。

- 企鵝需要吃魚及吃點心才能維持體力。

- 彙整遊戲規則的操作需求：

  鍵盤的 方向鍵 - 上 ⬆ ：往上跳　　Z 鍵 Z ：加速

  　　　方向鍵 - 左 ⬅ ：往左走　　空白鍵 Space ：發射冰塊

  　　　方向鍵 - 右 ➡ ：往右走

- 要有一個負責顯示「體力值」的畫面，體力值會依時間的增加而減少，碰到螃蟹也會減損體力。

- 每層都要有搜集到 3 個寶石才能往上一層。最後一層是搜集 3 個寶石換取飛行車的鑰匙。

以上的規則請用自己的方式呈現出來，老師採用的是將舞台的一個背景把所有的規則盡量表現出來。

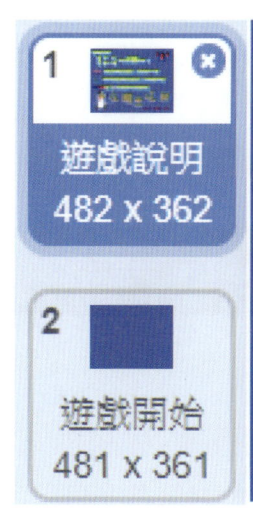

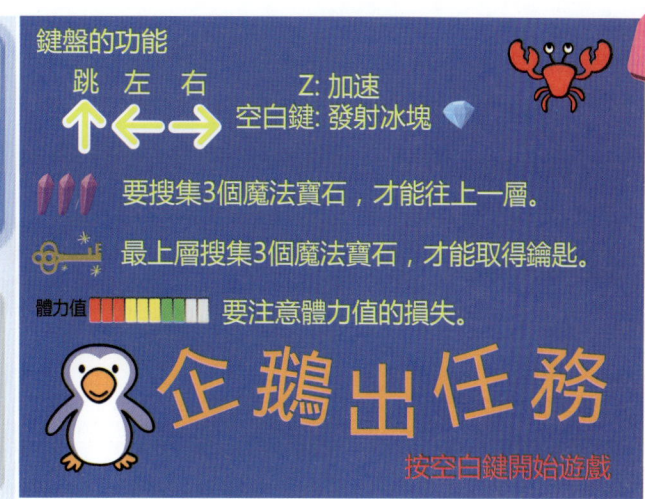

遊戲創作 – 企鵝出任務

背景：遊戲說明

step 2 遊戲開始後的背景老師選擇使用單純的填滿顏色，如果您想要有圖案也都可以選用。

背景：遊戲開始

7-2 背景音樂及遊戲開始

　　我們的程式後面會讓任務失敗時回到遊戲說明頁，因此必須加上「當背景換成 – 遊戲說明」時該如何做。

7 用 Scratch 3.0 創作故事動畫及互動遊戲

7-3 地面的角色

step 1 這是一個很重要的觀念，我們把關卡或者樓層的地面以角色的型態呈現，而不是採用背景來處理，最佳的好處是所有的角色都可以偵測與「地面」的互動關係，而且就不需要理會使用什麼顏色，可以是任何圖案。

遊戲創作 - 企鵝出任務 **7**

但如果採用「背景」的方式來製作地面，角色們就需要偵測顏色來確認地面的存在。

這一章老師的「地面」角色使用漸層顏色的方形來繪製。

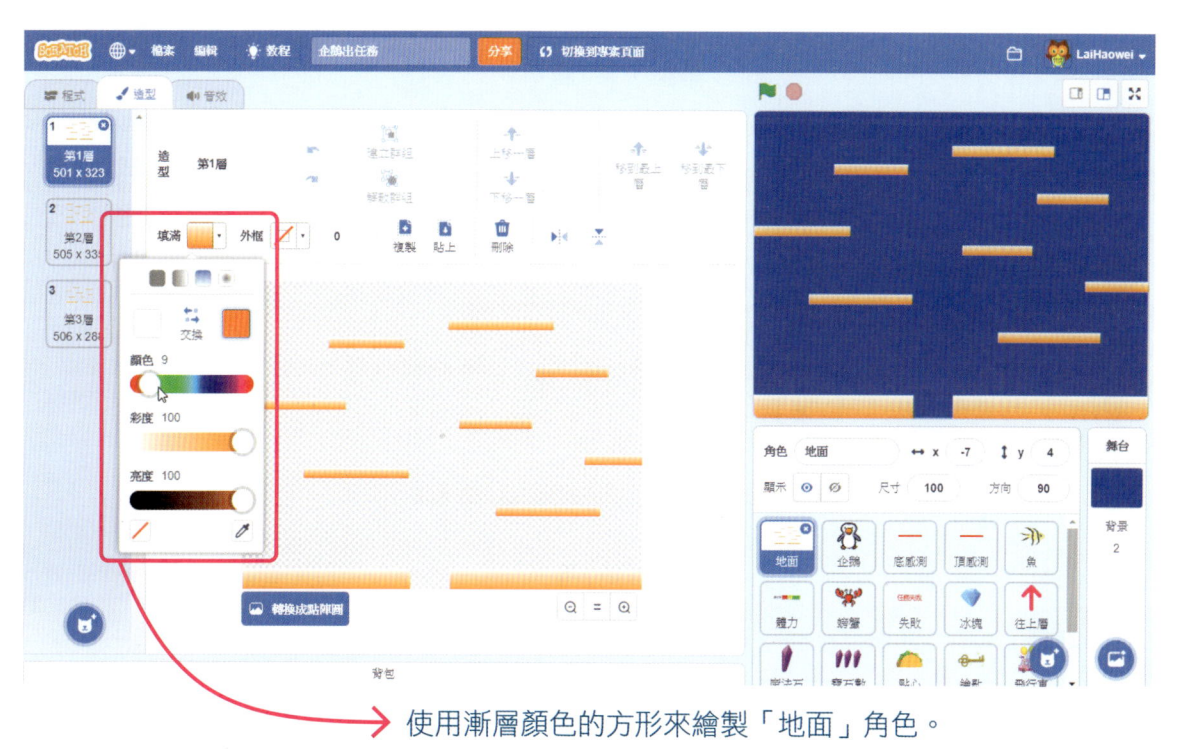

使用漸層顏色的方形來繪製「地面」角色。

7 用 Scratch 3.0 創作故事動畫及互動遊戲

step 2 請靠自己的想法，繪製 3 個造型，不需要跟老師的相同，但底下的地面要保留至少 1 個洞。

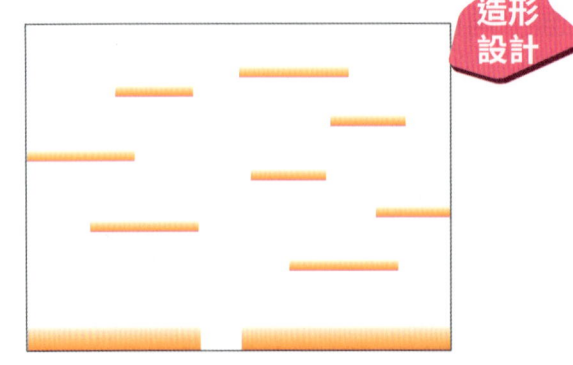

造形設計

地面

造型：第1層

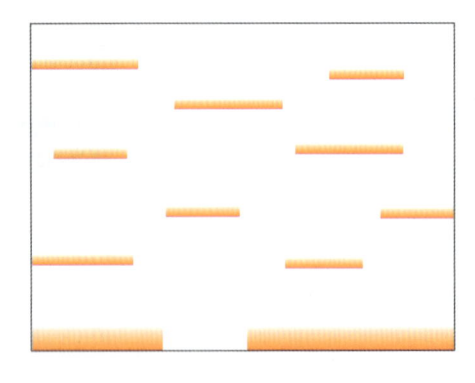

造型：第2層

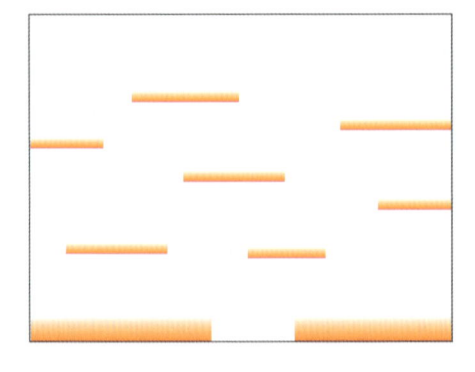

造型：第3層

遊戲創作 - 企鵝出任務 7   131

step 3 這裡要建立一個變數「層數」來不停的偵測目前「地面」的「造型編號」，這個造型編號就是前面所繪製放的順序，相當於關卡或樓層。

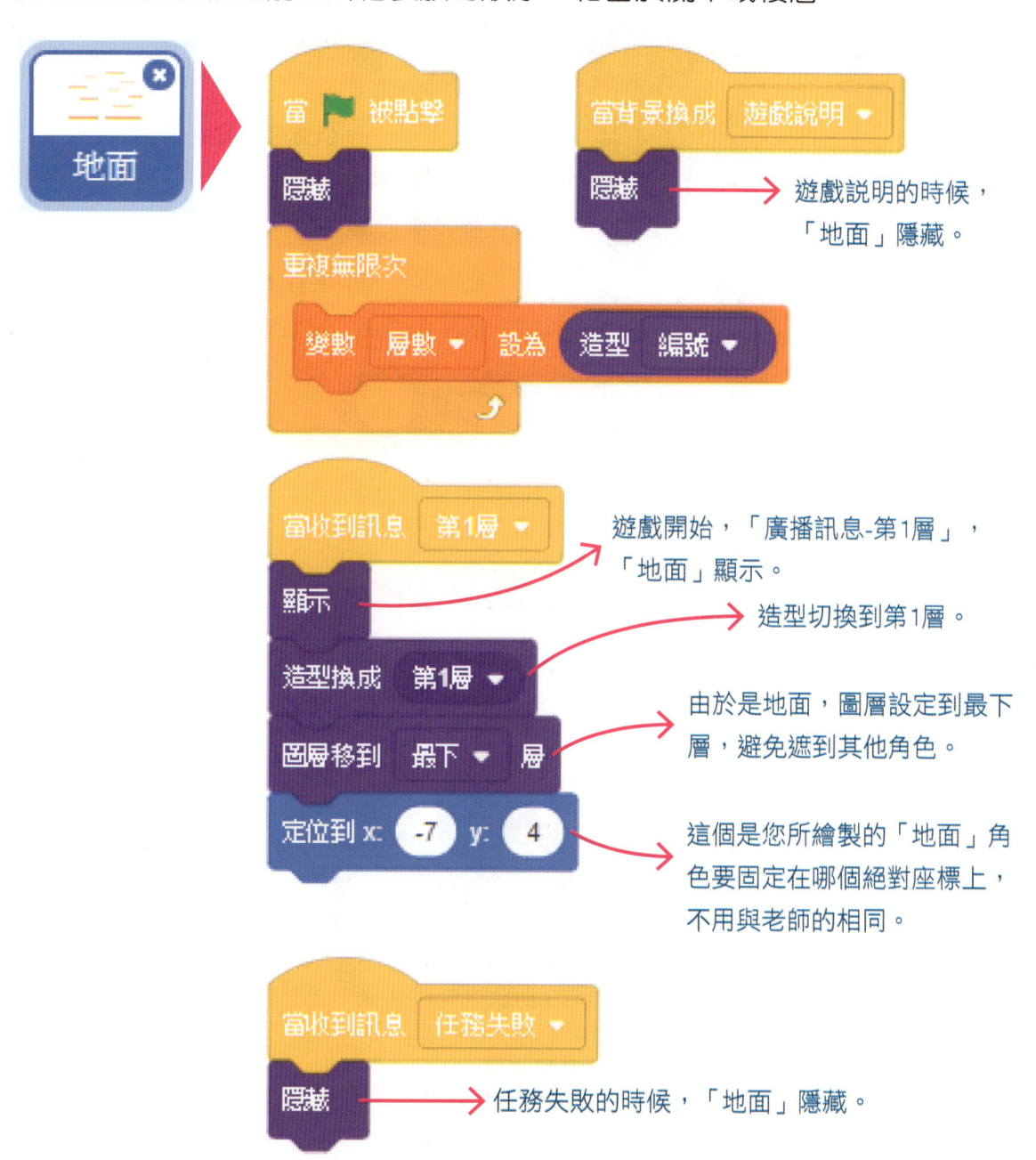

地面

當 ▶ 被點擊
隱藏
重複無限次
　變數 層數 ▼ 設為 造型 編號 ▼

當背景換成 遊戲說明 ▼
隱藏 → 遊戲說明的時候，「地面」隱藏。

當收到訊息 第1層 ▼
顯示
造型換成 第1層 ▼
圖層移到 最下 ▼ 層
定位到 x: -7 y: 4

→ 遊戲開始，「廣播訊息-第1層」，「地面」顯示。
→ 造型切換到第1層。
→ 由於是地面，圖層設定到最下層，避免遮到其他角色。
→ 這個是您所繪製的「地面」角色要固定在哪個絕對座標上，不用與老師的相同。

當收到訊息 任務失敗 ▼
隱藏 → 任務失敗的時候，「地面」隱藏。

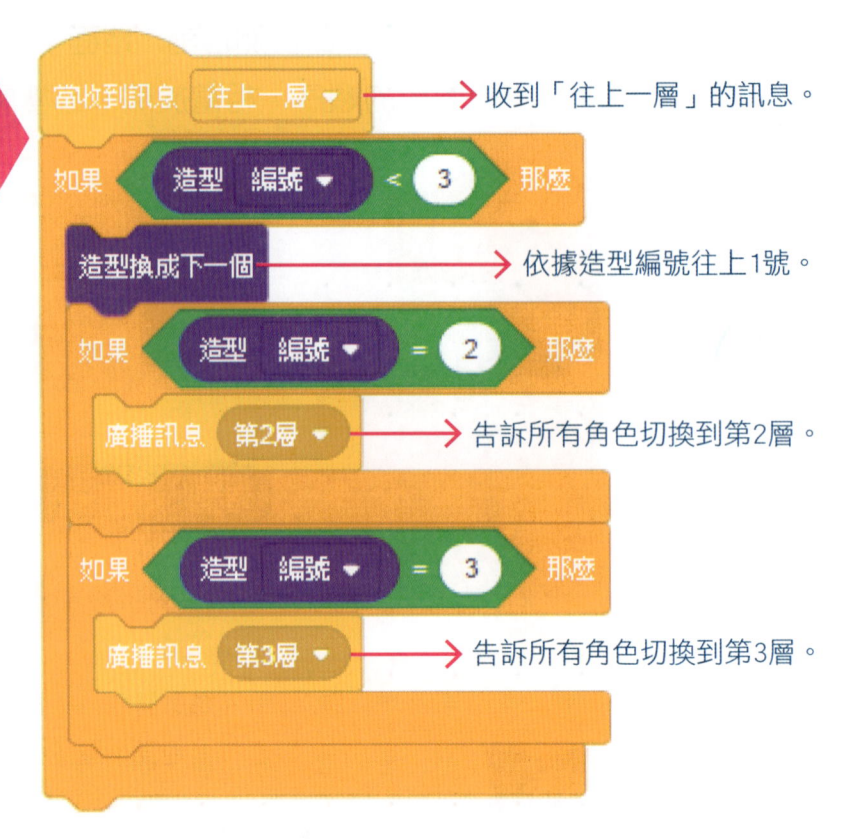

用 Scratch 3.0 創作故事動畫及互動遊戲

地面

當收到訊息 往上一層
如果 造型 編號 < 3 那麼
　造型換成下一個 → 依據造型編號往上1號。
　如果 造型 編號 = 2 那麼
　　廣播訊息 第2層 → 告訴所有角色切換到第2層。
　如果 造型 編號 = 3 那麼
　　廣播訊息 第3層 → 告訴所有角色切換到第3層。

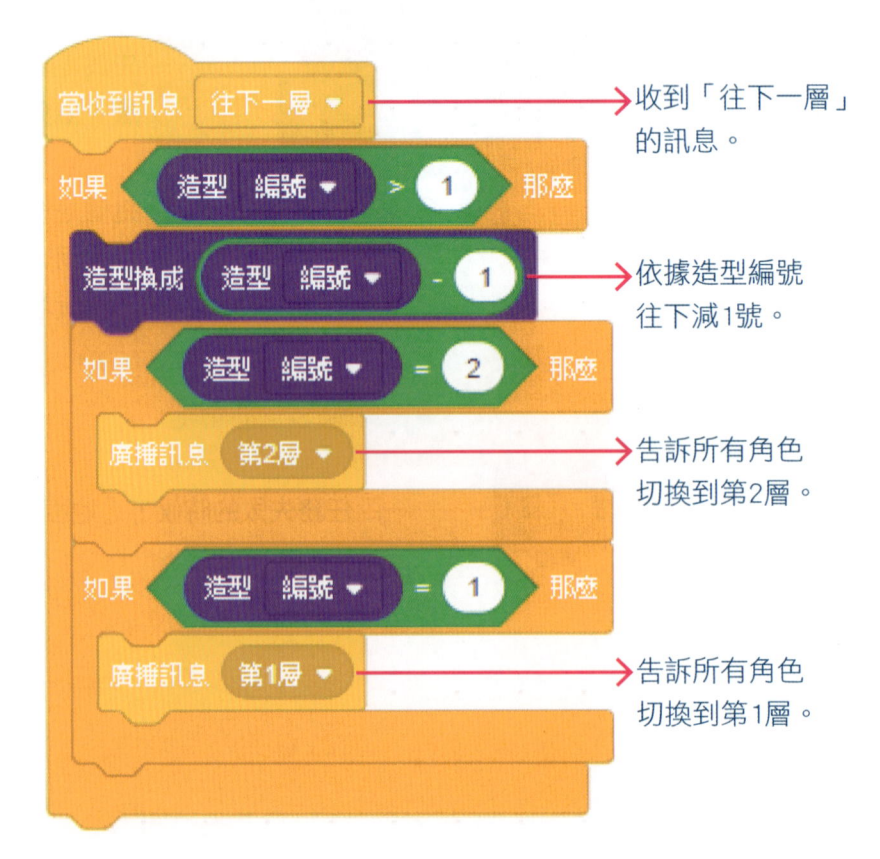

→ 收到「往上一層」的訊息。

當收到訊息 往下一層 → 收到「往下一層」的訊息。
如果 造型 編號 > 1 那麼
　造型換成 造型 編號 - 1 → 依據造型編號往下減1號。
　如果 造型 編號 = 2 那麼
　　廣播訊息 第2層 → 告訴所有角色切換到第2層。
　如果 造型 編號 = 1 那麼
　　廣播訊息 第1層 → 告訴所有角色切換到第1層。

7-4 跳動的企鵝

step 1

企鵝

當 ▶ 被點擊
隱藏

當背景換成 遊戲說明
隱藏

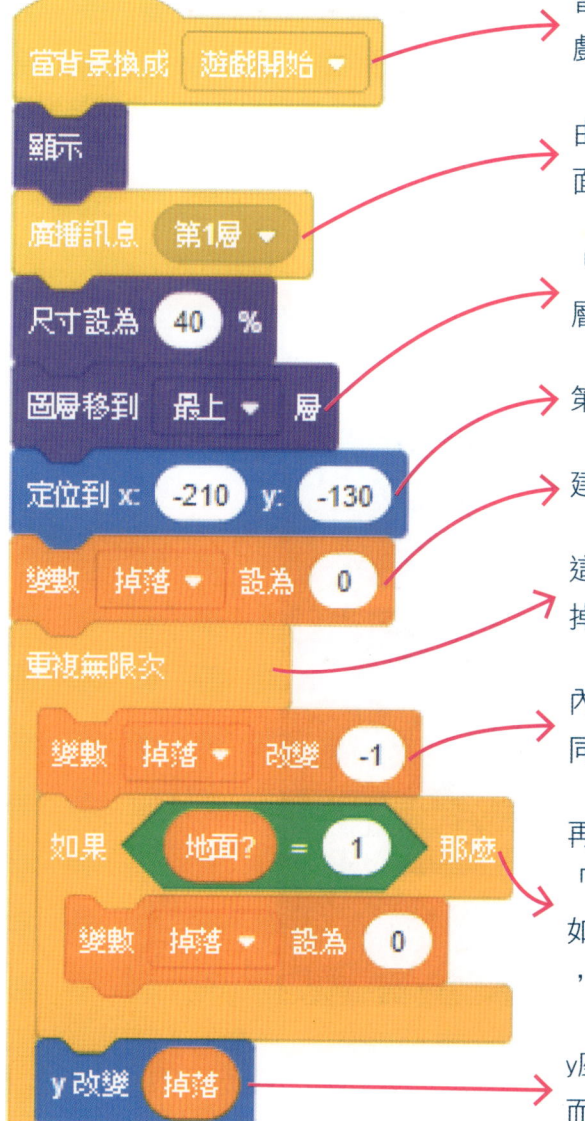

當背景換成 遊戲開始
顯示
廣播訊息 第1層
尺寸設為 40 %
圖層移到 最上 層
定位到 x: -210 y: -130
變數 掉落 設為 0
重複無限次
　變數 掉落 改變 -1
　如果 地面? = 1 那麼
　　變數 掉落 設為 0
　
　y 改變 掉落

☞ 程式續接下欄

→ 當遊戲說明按下空白鍵，就會切換至遊戲開始的背景。

→ 由「企鵝」發出「廣播訊息-第1層」讓「地面」切換造型編號，以及通知其他角色。

→ 「企鵝」是所有角色圖層最需要放在最上層的，因為他就是主角。

→ 第1層出場的時候所站的位置。

→ 建立一個「掉落」的變數，並先設定為0

→ 這個重複循環就是「企鵝」掉落與跳起的程式。

→ 內定「企鵝」是要保持往下掉的，如同重力因素的影響。

→ 再設一個變數「地面?」，我們定義「地面?」= 1 代表站在地面上。如果站在地面，就不該繼續掉落，因此變數「掉落」設為0

→ y座標就依據變數「掉落」往下掉，而且會越掉越快，直到站在地面上。

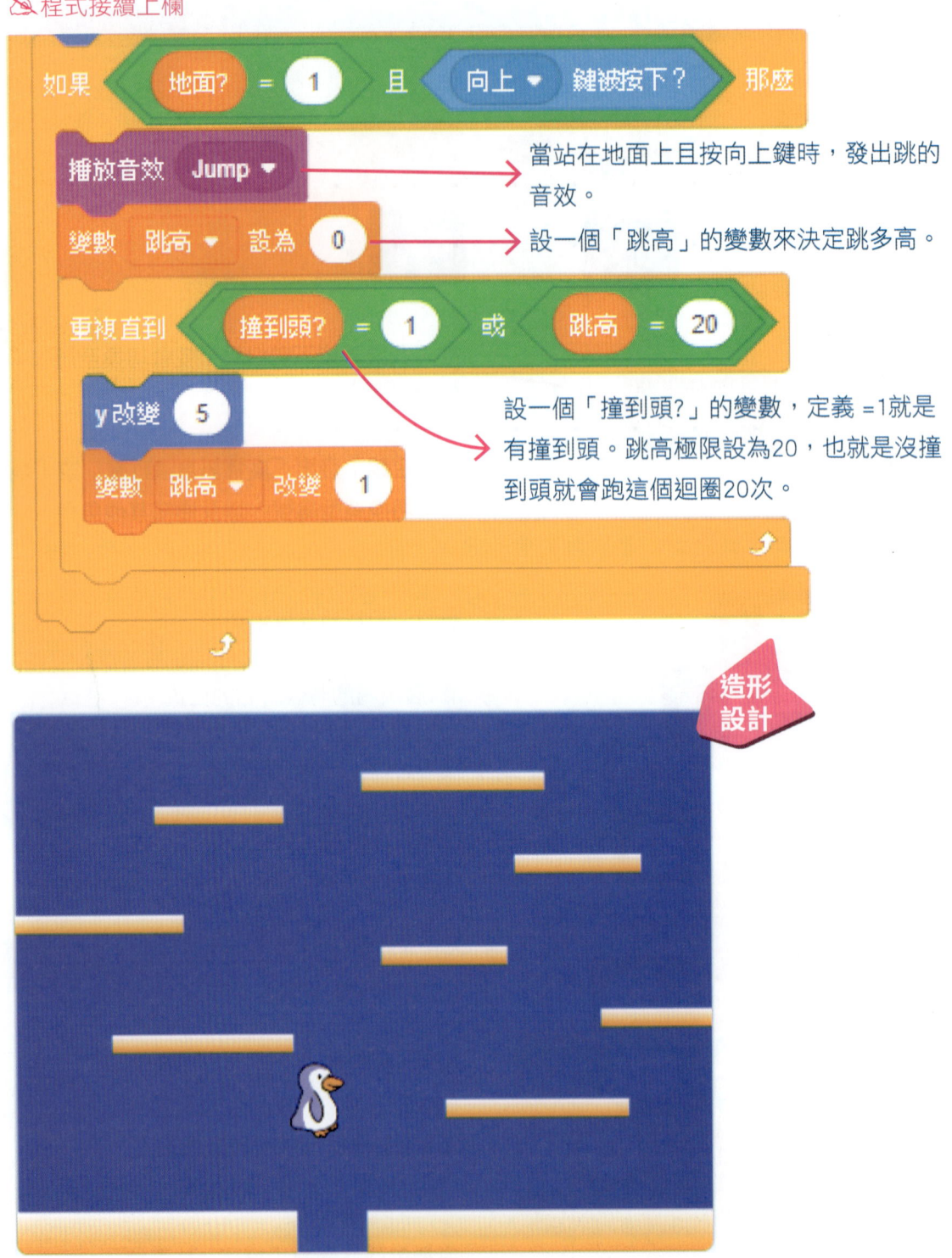

7 用 Scratch 3.0 創作故事動畫及互動遊戲

🖋 程式接續上欄

```
如果 〈 地面? = 1 〉 且 〈 向上▼ 鍵被按下? 〉 那麼
    播放音效 Jump▼
    變數 跳高▼ 設為 0
    重複直到 〈 撞到頭? = 1 〉 或 〈 跳高 = 20 〉
        y 改變 5
        變數 跳高▼ 改變 1
```

→ 當站在地面上且按向上鍵時，發出跳的音效。

→ 設一個「跳高」的變數來決定跳多高。

→ 設一個「撞到頭?」的變數，定義 =1 就是有撞到頭。跳高極限設為20，也就是沒撞到頭就會跑這個迴圈20次。

造形設計

遊戲創作 - 企鵝出任務

step 2 底下這個程式是負責「企鵝」的左右走，以及加速跑。

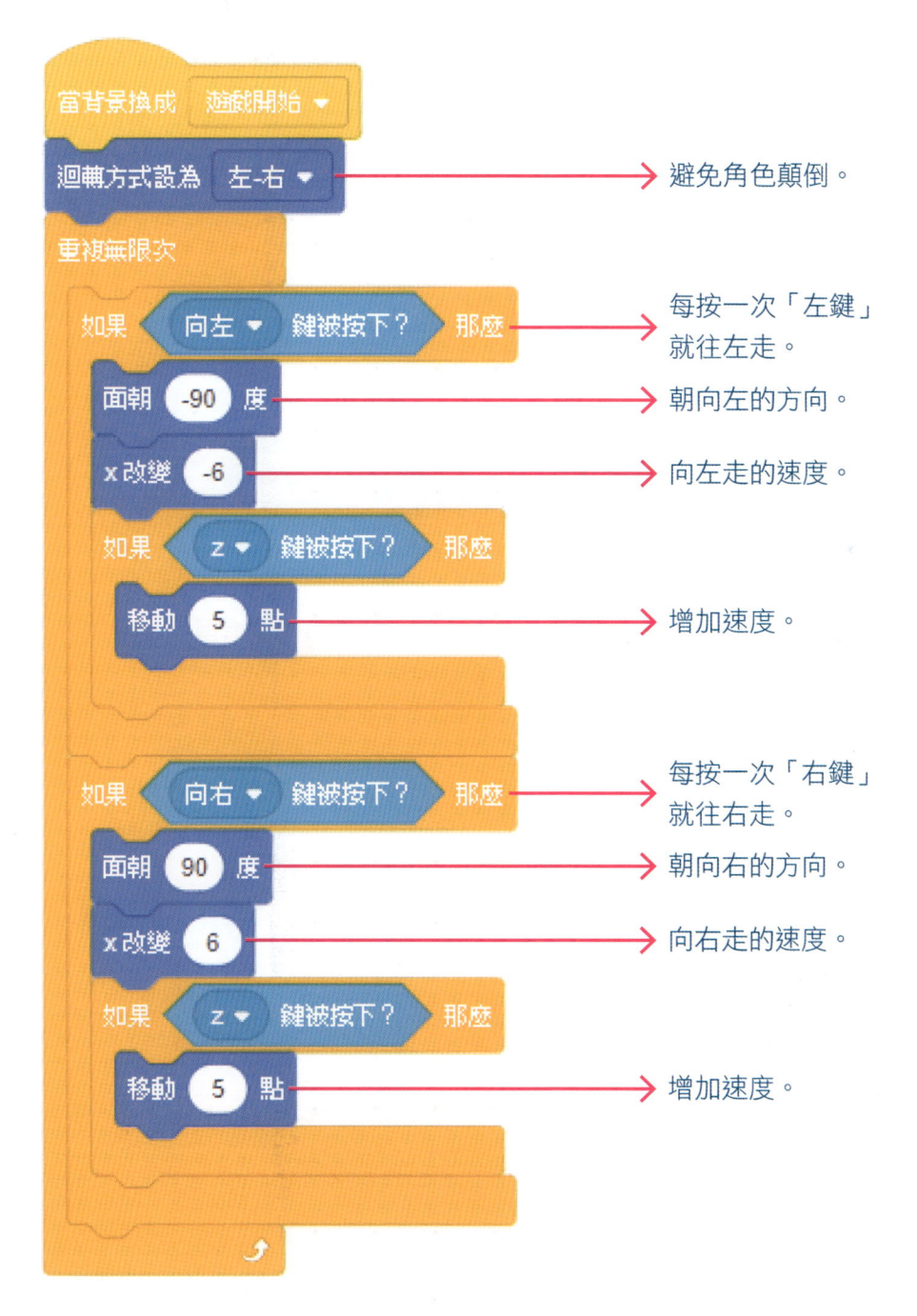

企鵝

```
當背景換成 遊戲開始▼
迴轉方式設為 左-右▼
重複無限次
    如果 <向左▼ 鍵被按下?> 那麼         → 每按一次「左鍵」就往左走。
        面朝 -90 度                      → 朝向左的方向。
        x 改變 -6                        → 向左走的速度。
        如果 <z▼ 鍵被按下?> 那麼
            移動 5 點                    → 增加速度。

    如果 <向右▼ 鍵被按下?> 那麼         → 每按一次「右鍵」就往右走。
        面朝 90 度                       → 朝向右的方向。
        x 改變 6                         → 向右走的速度。
        如果 <z▼ 鍵被按下?> 那麼
            移動 5 點                    → 增加速度。
```

→ 避免角色顛倒。

step 3 這個程式是負責表現「企鵝」動作時的造型變化。

造形設計

造型：penguin2-a　　造型：penguin2-c　　造型：penguin2-d

```
當背景換成 遊戲開始
顯示
造型換成 penguin2-a
重複無限次
    如果 < 向左▼ 鍵被按下？ > 或 < 向右▼ 鍵被按下？ > 那麼
        造型換成 penguin2-c
        等待 0.1 秒
        造型換成 penguin2-d
        等待 0.1 秒
    否則
        造型換成 penguin2-a
```

當向左走或向右走時，切換這兩個造型，可以形成走路擺動的樣子。

站立時的造型。

遊戲創作 - 企鵝出任務

step 4 本頁的程式是負責判斷「企鵝」往上一層、往下一層及掉到洞裡,並廣播訊息給其他角色知道。

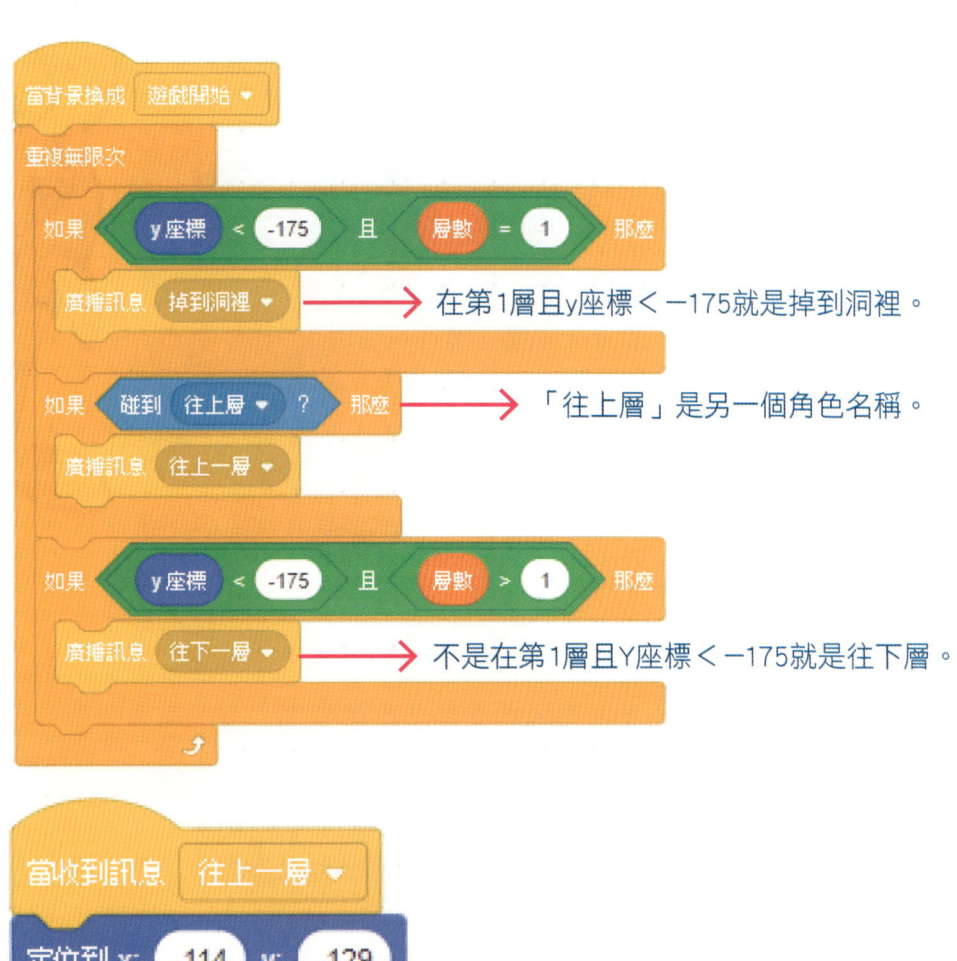

企鵝

當背景換成 遊戲開始
重複無限次
　如果 y座標 < -175 且 層數 = 1 那麼
　　廣播訊息 掉到洞裡　　→ 在第1層且y座標＜-175就是掉到洞裡。

　如果 碰到 往上層 ? 那麼　　→ 「往上層」是另一個角色名稱。
　　廣播訊息 往上一層

　如果 y座標 < -175 且 層數 > 1 那麼
　　廣播訊息 往下一層　　→ 不是在第1層且Y座標＜-175就是往下層。

當收到訊息 往上一層
定位到 x: -114 y: -129

當收到訊息 往下一層
定位到 x: -83 y: 176

7 用 Scratch 3.0 創作故事動畫及互動遊戲

step 5 掉到洞裡設定會被鯊魚咬到。

企鵝

當收到訊息 掉到洞裡
停止 這個物件的其它程式
造型換成 penguin2-b2
重複 2 次
　播放音效 Bite 直到結束
廣播訊息 任務失敗

造形設計

造型：penguin2-b2

當收到訊息 被鯊魚咬到　→ 被跳起來的鯊魚咬到。
停止 這個物件的其它程式　→ 避免其他程式干擾。
造型換成 penguin2-b2
重複 2 次
　播放音效 Bite 直到結束
廣播訊息 任務失敗

當收到訊息 達成任務
隱藏

7-5 碰觸感測器

step 1 「企鵝」與「地面」這兩個角色碰到的接觸面積太大，在設計上很難表現出撞到頭或者是腳壓到東西及站在地面上，因此需要有一些感測器來輔助。

遊戲創作 - 企鵝出任務 **7**　139

在這一章「企鵝」跳動時頭會撞到地面，以及腳需要精準站在地面上，所以要設計 2 個感測器。

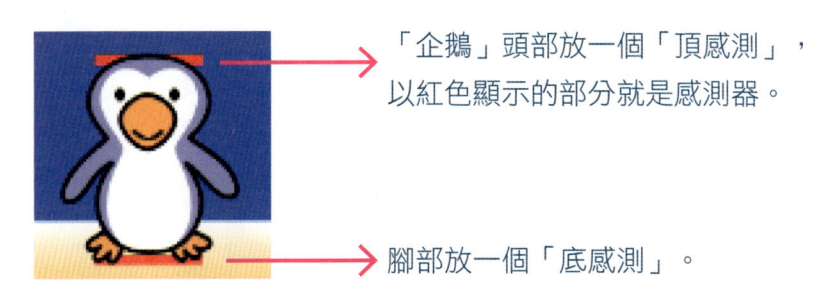

「企鵝」頭部放一個「頂感測」，以紅色顯示的部分就是感測器。

腳部放一個「底感測」。

step 2 繪製時只需要薄薄的厚度，寬度要與「企鵝」頭部相當，要注意中心點與「頂感測」的距離。

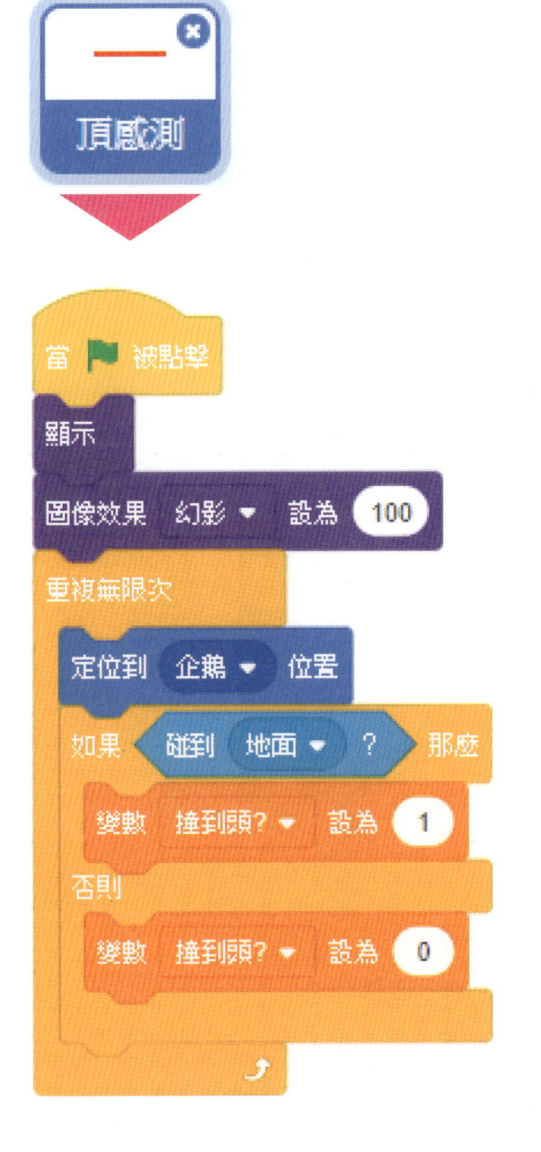

繪製時只需要薄薄的厚度，寬度要與「企鵝」頭部相當，要注意中心點與「頂感測」的距離。

7 用 Scratch 3.0 創作故事動畫及互動遊戲

step 3 「底感測」寬度要與「企鵝」底部相當，要注意中心點與「底感測」的距離。

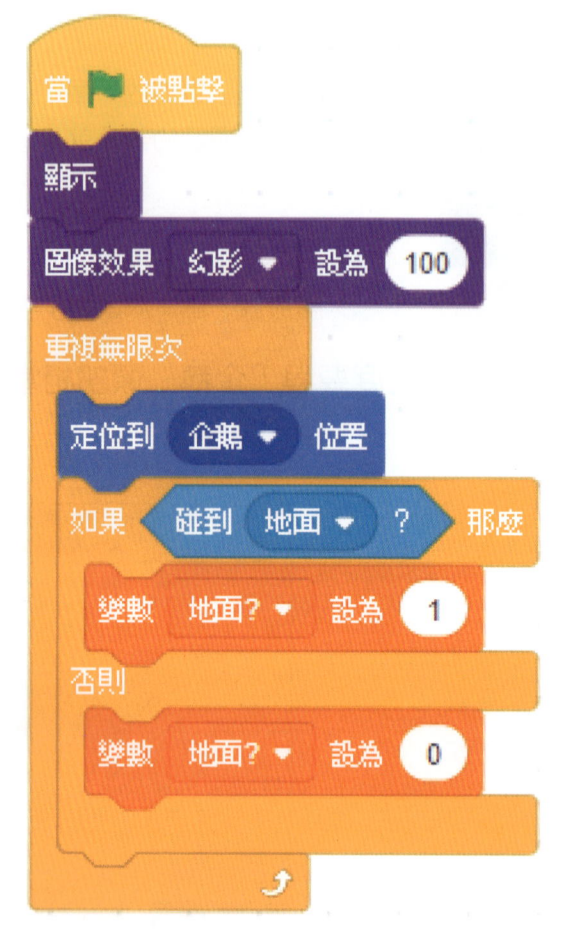

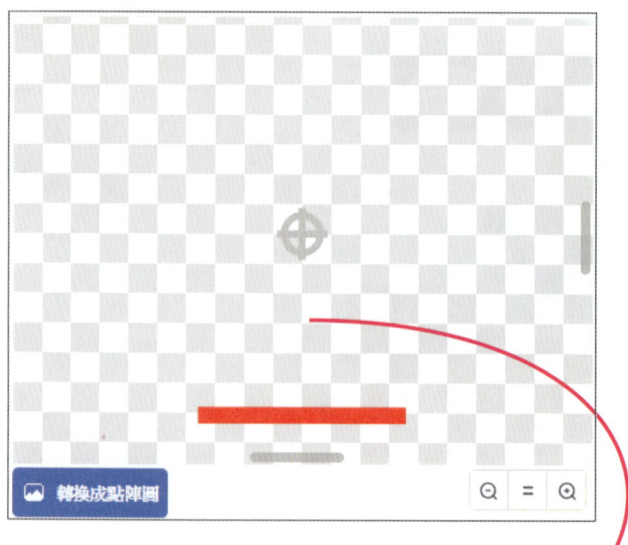

當 ▶ 被點擊
顯示
圖像效果 幻影 ▼ 設為 100
重複無限次
　定位到 企鵝 ▼ 位置
　如果 碰到 地面 ▼ ? 那麼
　　變數 地面? ▼ 設為 1
　否則
　　變數 地面? ▼ 設為 0

寬度要與「企鵝」底部相當，
要注意中心點與「底感測」
的距離。

7-6 體力值（生命值）

　　一般稍微複雜的遊戲就會有剩幾條命（生命數）或者剩多少血（生命值）的設計需求，這邊我們使用「體力值」來表現「企鵝」的生命狀況，如果體力值為零時，我們認定遊戲的任務失敗。

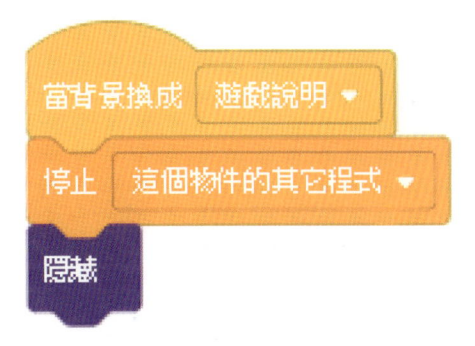

造型：體力值1

造型：體力值2

造型：體力值3

造型：體力值4

造型：體力值5

造型：體力值6

造型：體力值7

造型：體力值8

造型：體力值9

造型：體力值10

造型：體力值0

7 用 Scratch 3.0 創作故事動畫及互動遊戲

呈現畫面

當背景換成 遊戲開始
顯示
變數 體力值 設為 10
重複無限次
　等待 10 秒　　→ 每10秒減損體力值。
　變數 體力值 改變 -1

當背景換成 遊戲開始
定位到 x: -149 y: -167　→ 放在不會遮到畫面影響遊戲的位置。
重複無限次
　如果 體力值 > 10 那麼
　　造型換成 體力值10　→ 體力值大於10都用滿血的造型。
　否則
　　造型換成 體力值
　　如果 體力值 < 1 那麼
　　　造型換成 體力值0　→ 體力值0以下都用沒血的造型。
　　　廣播訊息 任務失敗　→ 體力值0以下就是任務失敗。
　　　停止 這個程式　→ 強迫停止這個程式以脫離迴圈。

當收到訊息 螃蟹夾到企鵝
變數 體力值 改變 -3

7-7 跳躍的魚

第一層地面的洞希望有魚跳出來,讓「企鵝」能補充體力值,但偶爾也會跳出鯊魚,把「企鵝」吃掉。

造形設計

造型:fish-a

造型:fish-b

造型:fish-c

造型:fish-d

造型:Shark2-b

當 🏁 被點擊
隱藏

當背景換成 遊戲說明
隱藏

當收到訊息 第2層
停止 這個物件的其它程式
隱藏

這裡再練習一次使用函式積木,把經常使用到的相同程式段定義成一個積木,會使整體程式看起來較簡單俐落。

定義 魚碰到企鵝

如果 造型 編號 = 5 那麼
　廣播訊息 被鯊魚咬到
否則
　變數 體力值 改變 1

造型編號5 是鯊魚,如果碰到鯊魚就廣播訊息。

如果碰到的不是鯊魚,那就可增加體力值。

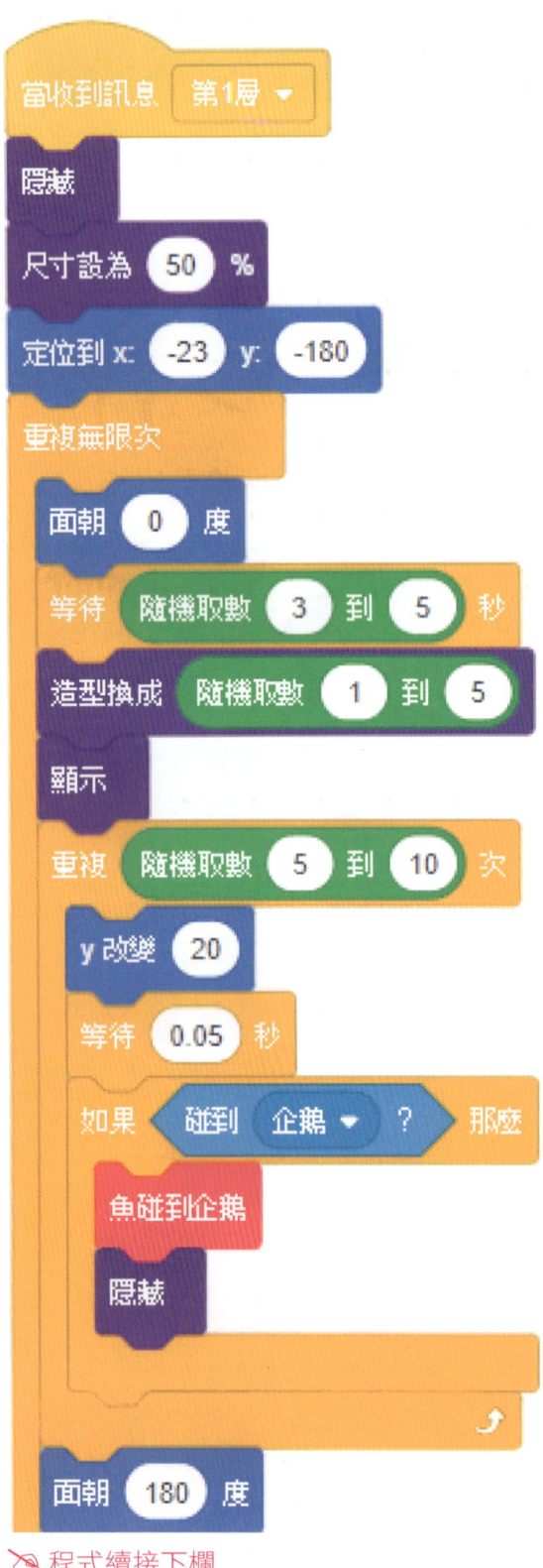

7 用 Scratch 3.0 創作故事動畫及互動遊戲

📝 程式接續上欄

當收到訊息 第1層
隱藏
尺寸設為 50 %
定位到 x: -23 y: -180
重複無限次
　面朝 0 度
　等待 隨機取數 3 到 5 秒
　造型換成 隨機取數 1 到 5
　顯示
　重複 隨機取數 5 到 10 次
　　y 改變 20
　　等待 0.05 秒
　　如果 碰到 企鵝 ? 那麼
　　　魚碰到企鵝
　　　隱藏

　面朝 180 度

📝 程式續接下欄

重複直到 y 座標 < -180
　y 改變 -20
　等待 0.05 秒
　如果 碰到 企鵝 ? 那麼
　　魚碰到企鵝
　　隱藏

隱藏

當收到訊息 被鯊魚咬到
停止 這個物件的其它程式

當收到訊息 掉到洞裡
停止 這個物件的其它程式

呈現畫面

7-8 橫著走的螃蟹

在這個遊戲中,「螃蟹」設定是敵人,牠會左右走動,當「企鵝」不小心碰到牠,就會快速損失「體力值」。

造形設計

造型:crab-a　　造型:crab-b　　造型:crab-a2

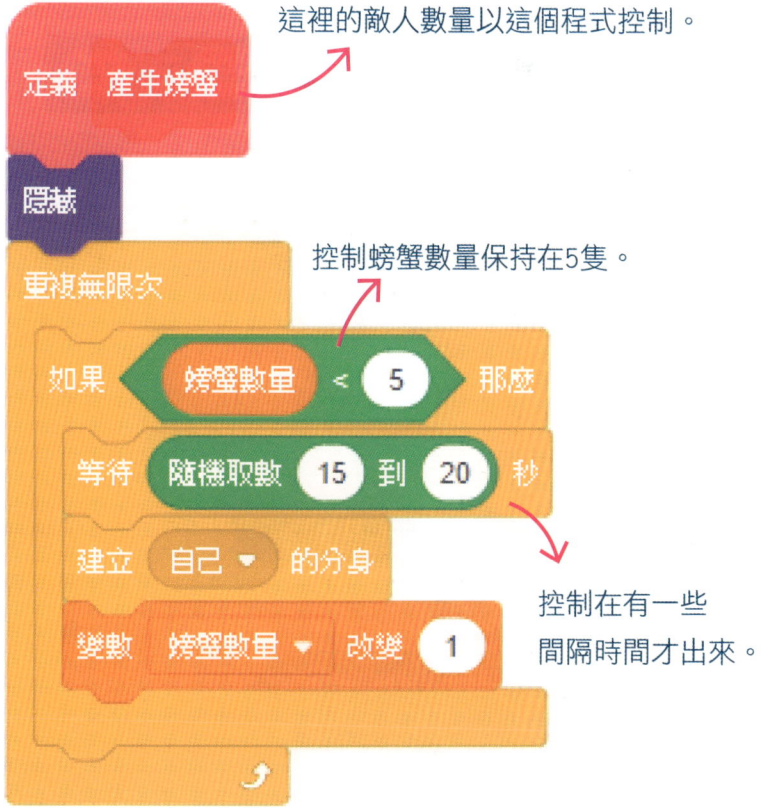

```
當 ▶ 被點擊
變數 螃蟹數量 ▼ 設為 0
```

```
當背景換成 遊戲說明 ▼
停止 這個物件的其它程式 ▼
變數 螃蟹數量 ▼ 設為 0
隱藏
```

```
當背景換成 遊戲開始 ▼
變數 秒數 ▼ 設為 0
重複無限次
    等待 1 秒
    變數 秒數 ▼ 改變 1
```

```
定義 產生螃蟹
隱藏
重複無限次
    如果 螃蟹數量 < 5 那麼
        等待 隨機取數 15 到 20 秒
        建立 自己 ▼ 的分身
        變數 螃蟹數量 ▼ 改變 1
```

這裡的敵人數量以這個程式控制。

控制螃蟹數量保持在5隻。

控制在有一些間隔時間才出來。

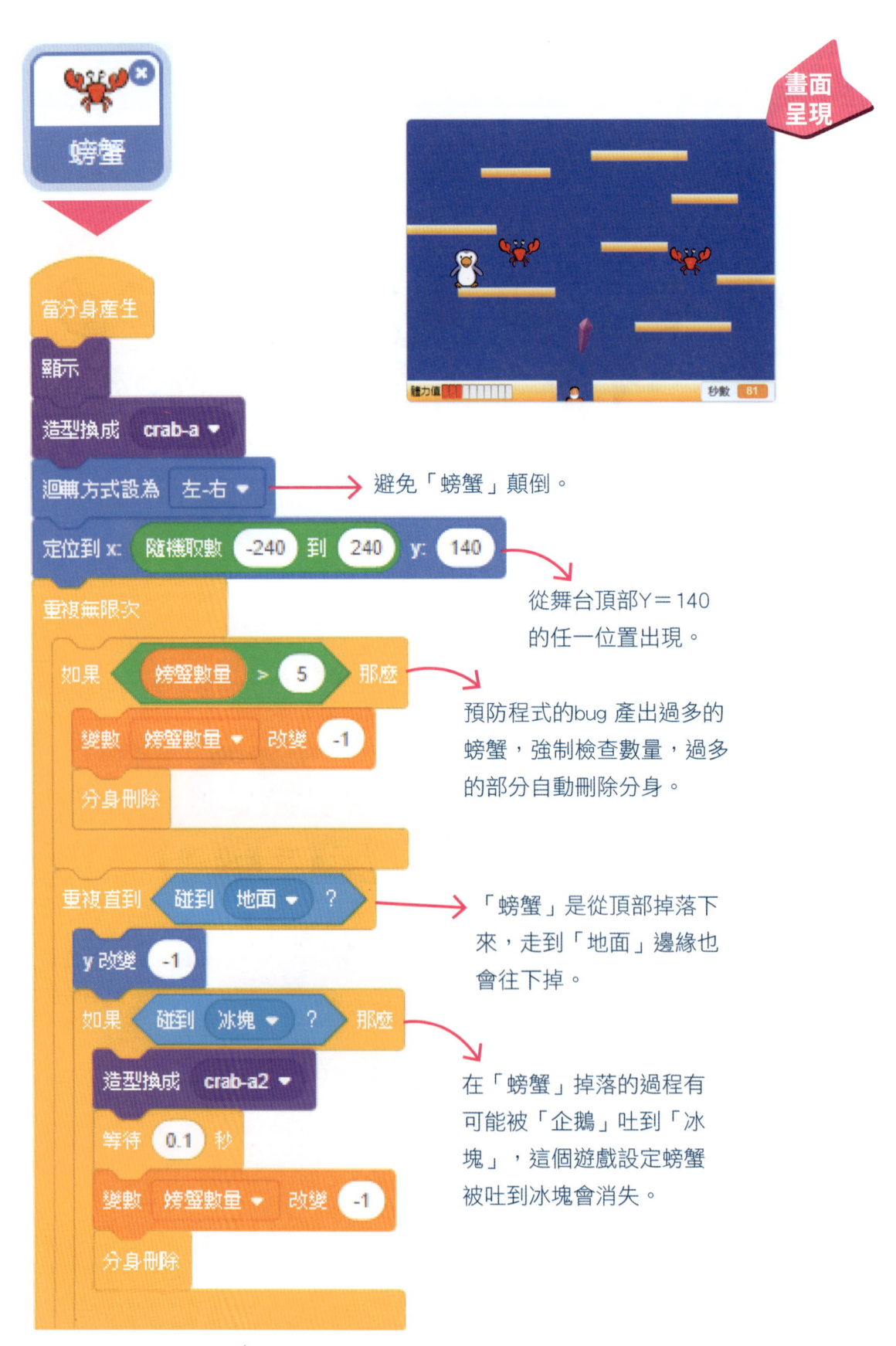

7 用 Scratch 3.0 創作故事動畫及互動遊戲

畫面呈現

螃蟹

當分身產生
顯示
造型換成 crab-a
迴轉方式設為 左-右 → 避免「螃蟹」顛倒。
定位到 x: 隨機取數 -240 到 240 y: 140 → 從舞台頂部 Y＝140 的任一位置出現。

重複無限次
　如果 螃蟹數量 > 5 那麼
　　變數 螃蟹數量 改變 -1 → 預防程式的 bug 產出過多的螃蟹，強制檢查數量，過多的部分自動刪除分身。
　　分身刪除

　重複直到 碰到 地面 ? → 「螃蟹」是從頂部掉落下來，走到「地面」邊緣也會往下掉。
　　y 改變 -1
　　如果 碰到 冰塊 ? 那麼
　　　造型換成 crab-a2
　　　等待 0.1 秒 → 在「螃蟹」掉落的過程有可能被「企鵝」吐到「冰塊」，這個遊戲設定螃蟹被吐到冰塊會消失。
　　　變數 螃蟹數量 改變 -1
　　　分身刪除

➤ 程式續接下欄

遊戲創作 - 企鵝出任務

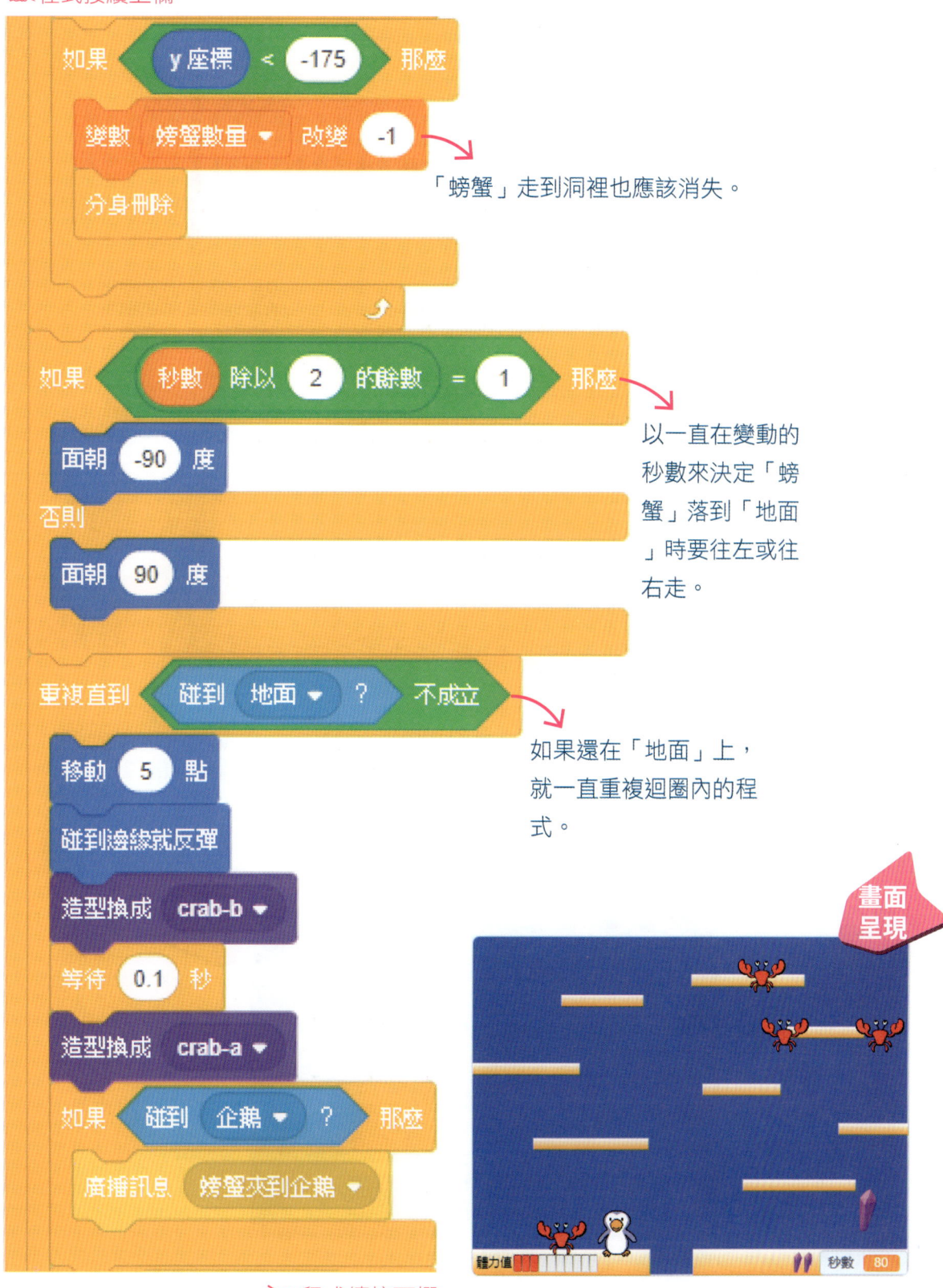

> 程式接續上欄

```
如果 〈 y座標 < -175 〉 那麼
    變數 螃蟹數量 ▼ 改變 -1
    分身刪除

如果 〈 秒數 除以 2 的餘數 = 1 〉 那麼
    面朝 -90 度
否則
    面朝 90 度

重複直到 〈 碰到 地面 ▼ ? 不成立 〉
    移動 5 點
    碰到邊緣就反彈
    造型換成 crab-b ▼
    等待 0.1 秒
    造型換成 crab-a ▼
    如果 〈 碰到 企鵝 ▼ ? 〉 那麼
        廣播訊息 螃蟹夾到企鵝 ▼
```

「螃蟹」走到洞裡也應該消失。

以一直在變動的秒數來決定「螃蟹」落到「地面」時要往左或往右走。

如果還在「地面」上，就一直重複迴圈內的程式。

畫面呈現

> 程式續接下欄

7 用 Scratch 3.0 創作故事動畫及互動遊戲

🐟 程式接續上欄

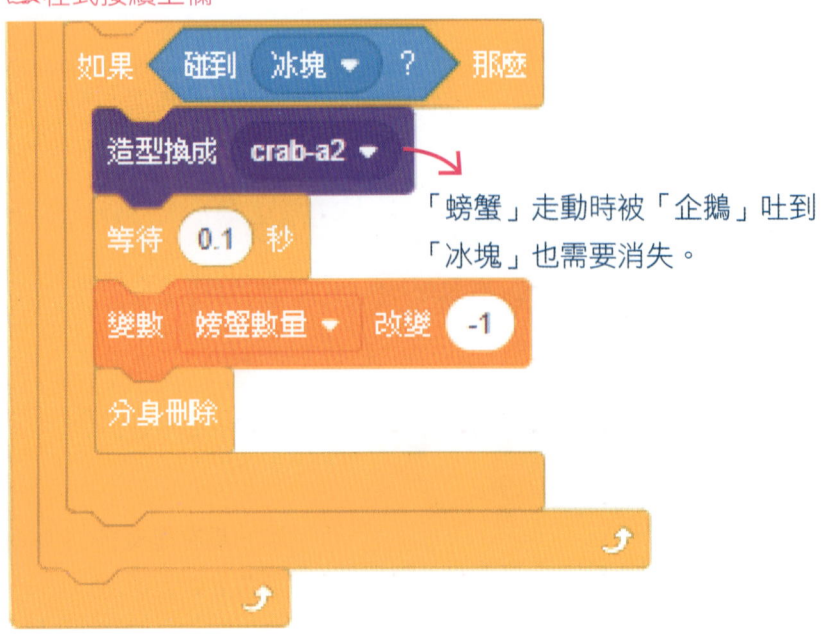

```
如果 <碰到 冰塊?> 那麼
    造型換成 crab-a2
    等待 0.1 秒
    變數 螃蟹數量 改變 -1
    分身刪除
```

「螃蟹」走動時被「企鵝」吐到「冰塊」也需要消失。

```
當收到訊息 第1層
產生螃蟹
```

```
當收到訊息 第2層
產生螃蟹
```

```
當收到訊息 第3層
產生螃蟹
```

每一層都需要產生「螃蟹」來作為敵人，因此把這段重複的程式寫成函式積木，使用時直接呼叫使用，就很簡潔。

畫面呈現

7-9 發射冰塊

在冒險動作類的遊戲通常會讓主角具有發射武器的能力，因此這個遊戲的「企鵝」可以吐出（發射）冰塊來攻擊「螃蟹」。

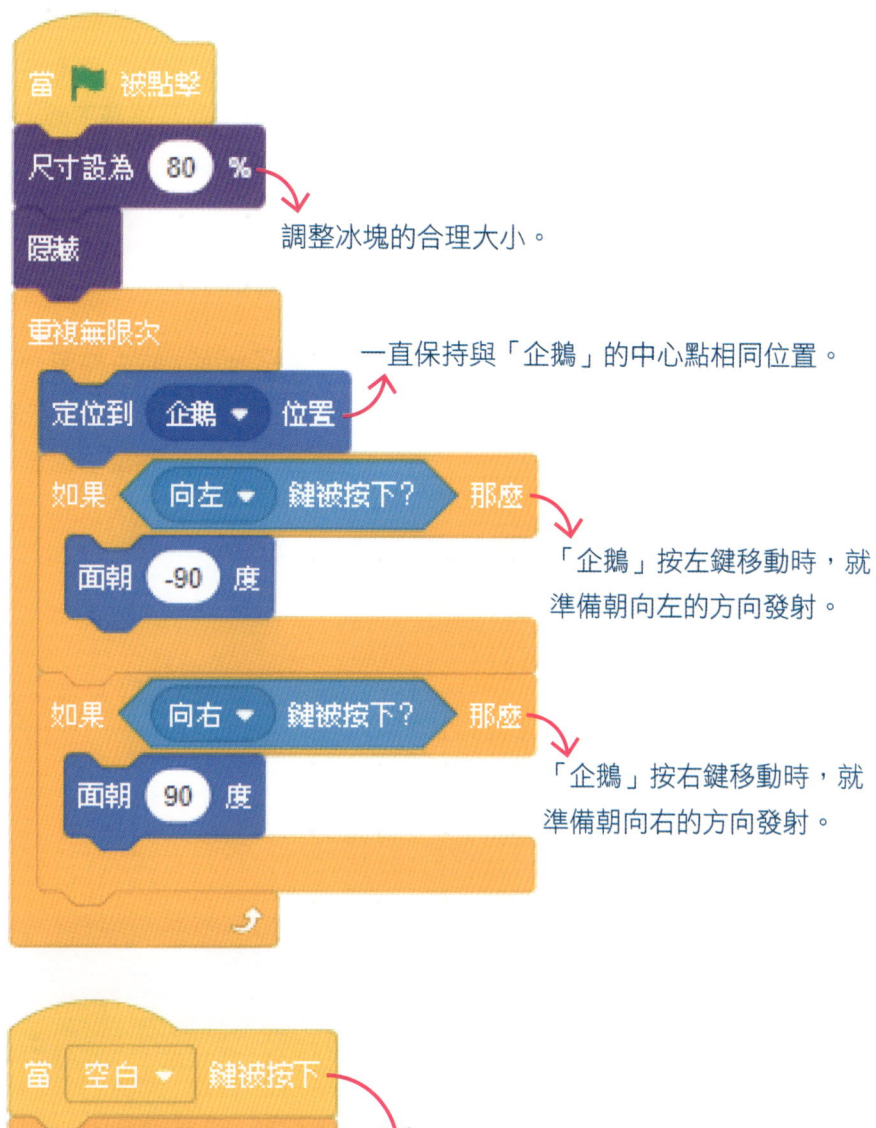

冰塊

```
當 ▶ 被點擊
尺寸設為 80 %       → 調整冰塊的合理大小。
隱藏
重複無限次
    定位到 企鵝 位置   → 一直保持與「企鵝」的中心點相同位置。
    如果 向左 鍵被按下？ 那麼
        面朝 -90 度     → 「企鵝」按左鍵移動時，就準備朝向左的方向發射。
    如果 向右 鍵被按下？ 那麼
        面朝 90 度      → 「企鵝」按右鍵移動時，就準備朝向右的方向發射。
```

```
當 空白 鍵被按下
建立 自己 的分身    → 按下空白鍵來發射「冰塊」。
```

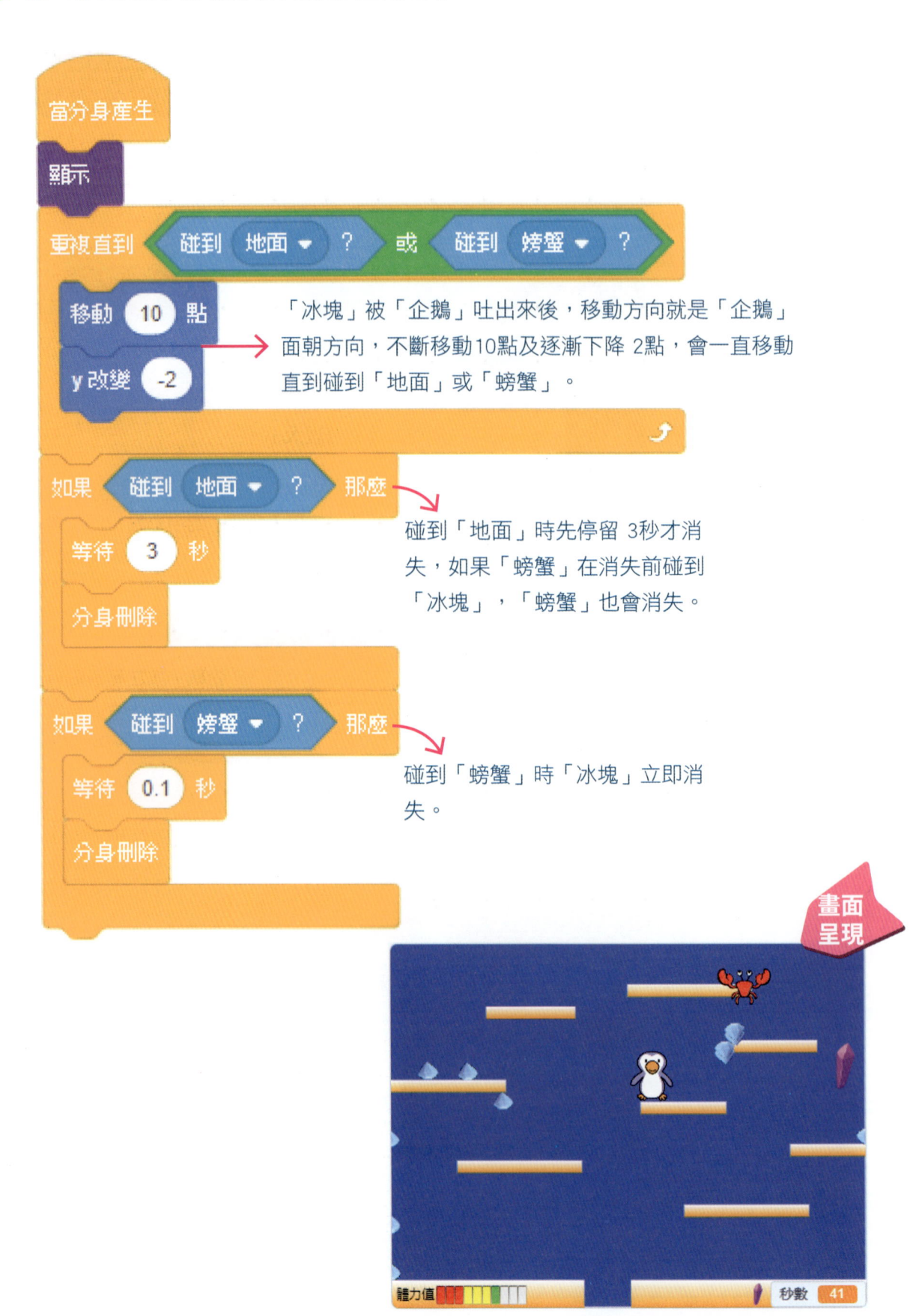

7 用 Scratch 3.0 創作故事動畫及互動遊戲

```
當分身產生
顯示
重複直到 < 碰到 地面 ▼ ? > 或 < 碰到 螃蟹 ▼ ? >
    移動 10 點
    y 改變 -2
```

「冰塊」被「企鵝」吐出來後，移動方向就是「企鵝」面朝方向，不斷移動10點及逐漸下降 2點，會一直移動直到碰到「地面」或「螃蟹」。

```
如果 < 碰到 地面 ▼ ? > 那麼
    等待 3 秒
    分身刪除
```

碰到「地面」時先停留 3秒才消失，如果「螃蟹」在消失前碰到「冰塊」，「螃蟹」也會消失。

```
如果 < 碰到 螃蟹 ▼ ? > 那麼
    等待 0.1 秒
    分身刪除
```

碰到「螃蟹」時「冰塊」立即消失。

畫面呈現

7-10　任務失敗畫面

　　所有的遊戲都會有失敗的狀況，這個遊戲老師簡單的使用文字畫面來表現，如果您可以用更豐富、有趣的角色造型來呈現，那遊戲會更好玩！

本遊戲失敗的狀況有：

1. 掉到洞裡
2. 碰到鯊魚
3. 碰到螃蟹損失大量體力值
4. 沒體力值了

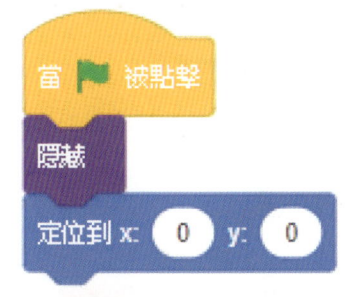

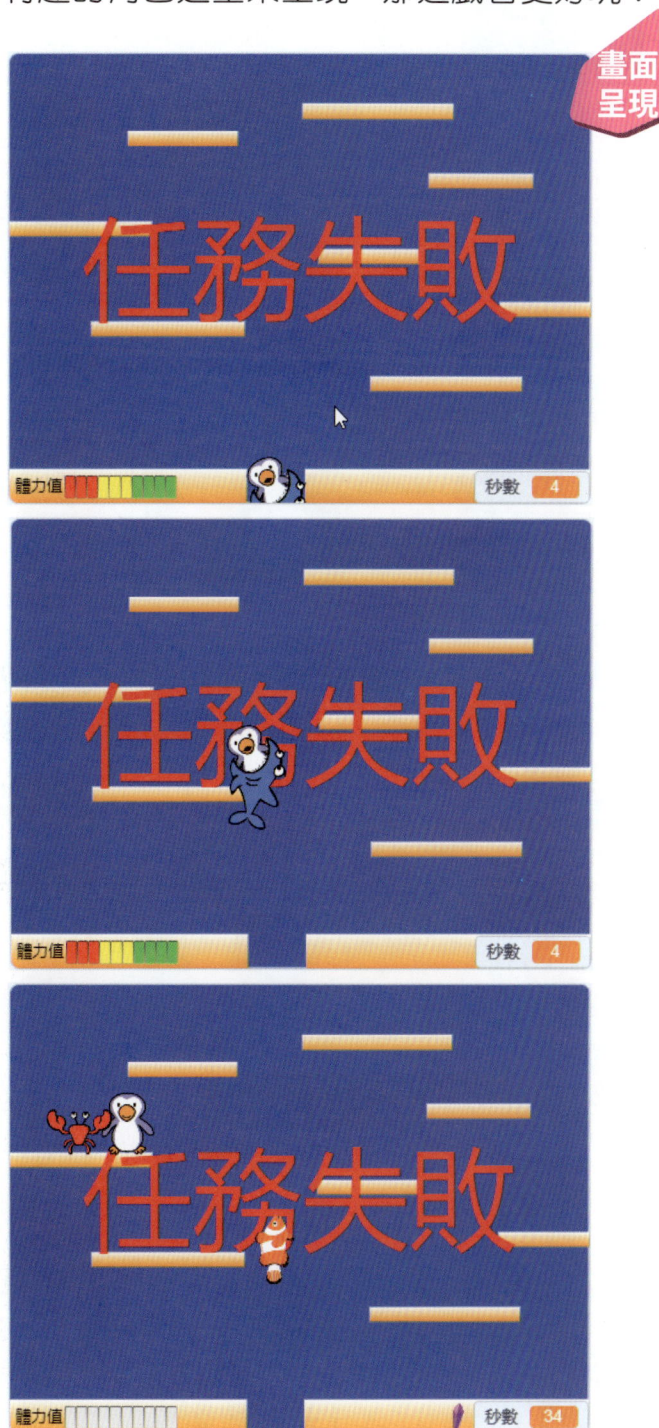

7-11　過關條件

step 1

要進入到下一層關卡，就要有一些努力，所以設計需要搜集 3 顆魔法石，才可以取得進入下一層的通道。

魔法石

```
定義 產生寶石
隱藏
變數 寶石數 設為 0
重複直到 寶石數 = 3
    等待 10 秒
    定位到 x: 隨機取數 -220 到 230  y: 隨機取數 -130 到 155
    顯示
    等待直到 碰到 企鵝 ?
    變數 寶石數 改變 1
    隱藏
```

```
當 ▶ 被點擊
隱藏
```

```
當背景換成 遊戲說明
隱藏
```

```
當收到訊息 第1層
停止 這個物件的其它程式
產生寶石
```

```
當收到訊息 第2層
停止 這個物件的其它程式
產生寶石
```

```
當收到訊息 第3層
停止 這個物件的其它程式
產生寶石
```

```
當收到訊息 任務失敗
停止 這個物件的其它程式
隱藏
```

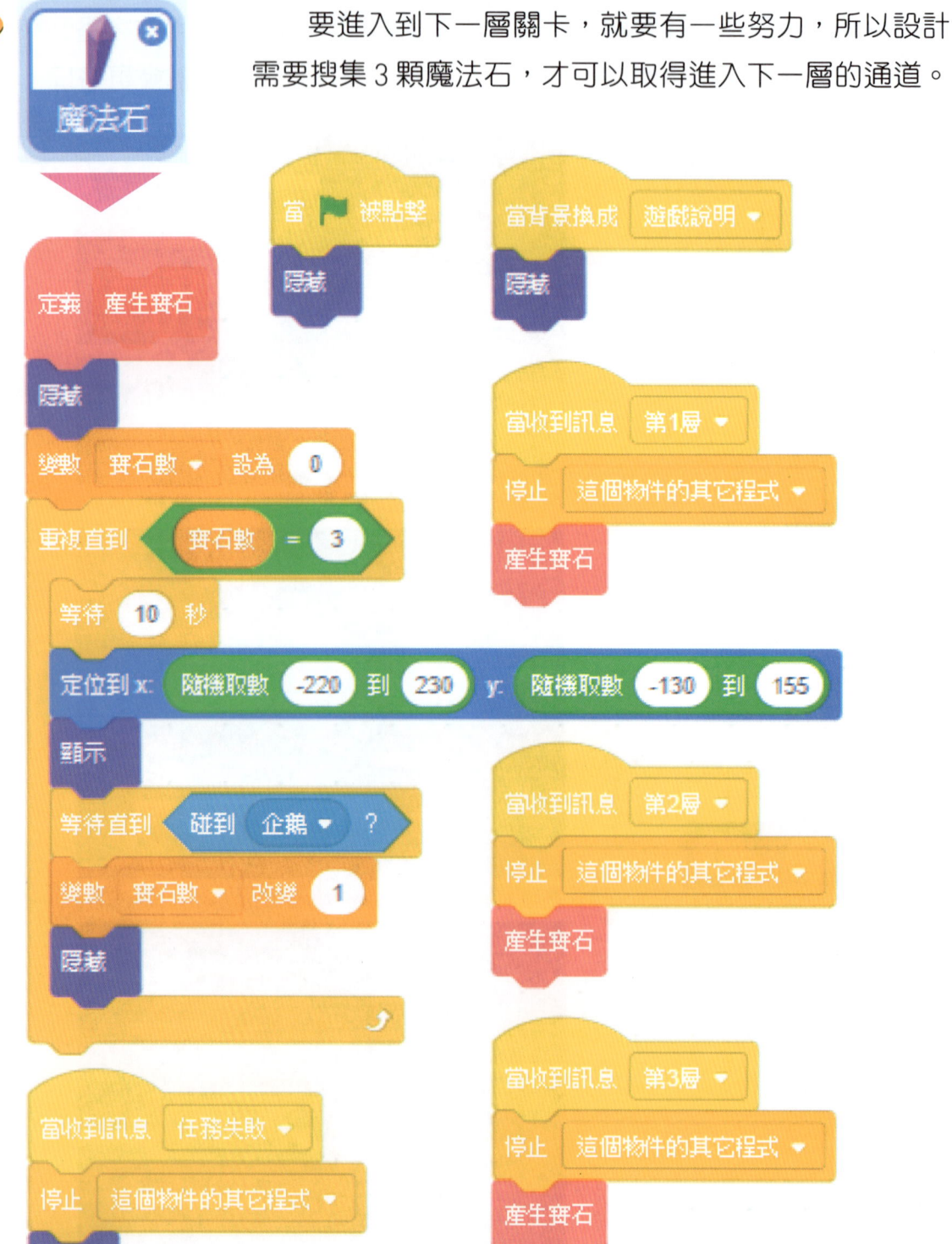

遊戲創作 - 企鵝出任務

step 2

寶石數

造形設計

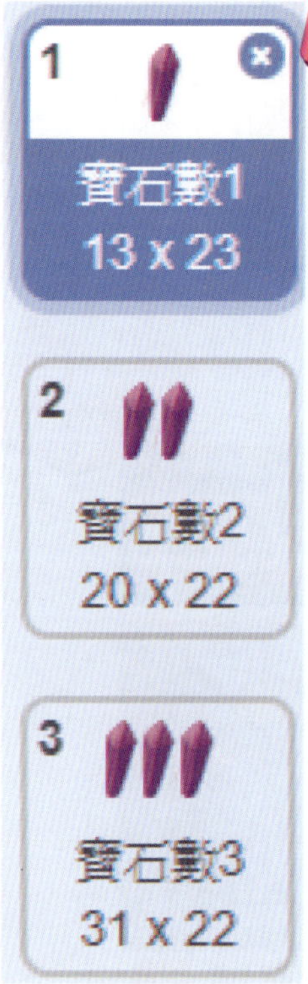

編號	名稱	尺寸
1	寶石數1	13 x 23
2	寶石數2	20 x 22
3	寶石數3	31 x 22

當背景換成 遊戲說明
停止 這個物件的其它程式
隱藏

定義 寶石計算 → 用來計算已搜集到多少顆寶石。
定位到 x: 129 y: -167
隱藏
變數 寶石數 設為 0
重複無限次
　如果 寶石數 > 0 那麼
　　造型換成 寶石數
　　顯示

當收到訊息 第1層
寶石計算

當收到訊息 第2層
寶石計算

當收到訊息 第3層
寶石計算

7 用 Scratch 3.0 創作故事動畫及互動遊戲

step 3 到達第 3 層須改為用 3 顆「寶石數」換取「鑰匙」的出現，取得「鑰匙」才有辦法開動「飛行車」。

第 2 層需要特別再把變數「鑰匙？」設為 0 及隱藏的主要原因是「企鵝」有可能從第 3 層掉回第 2 層，若在第 3 層已取得鑰匙或已達 3 顆寶石數，那會設定成已取得鑰匙或者會在第 2 層顯示，就不符合遊戲規則。

鑰匙

當收到訊息 第2層
變數 鑰匙？ 設為 0
隱藏

當 ▶ 被點擊
隱藏

當背景換成 遊戲說明
隱藏

畫面呈現

當收到訊息 第3層
變數 寶石數 設為 0
變數 鑰匙？ 設為 0
尺寸設為 40 %
隱藏
定位到 x: 隨機取數 -220 到 220 y: 隨機取數 -130 到 50
等待直到 寶石數 = 3 且 層數 = 3
顯示 ────▶ 必須要到達第3層而且搜集到3顆「寶石數」才能顯示出來。
等待直到 碰到 企鵝 ？
定位到 x: -67 y: -167
變數 鑰匙？ 設為 1

「企鵝」碰到「鑰匙」後，「鑰匙」移動到底下位置顯示已取得。

7-12　補充體力值

遊戲中不固定時間會出現「點心」讓「企鵝」補充體力，避免到上層的關卡「體力值」不足而任務失敗。

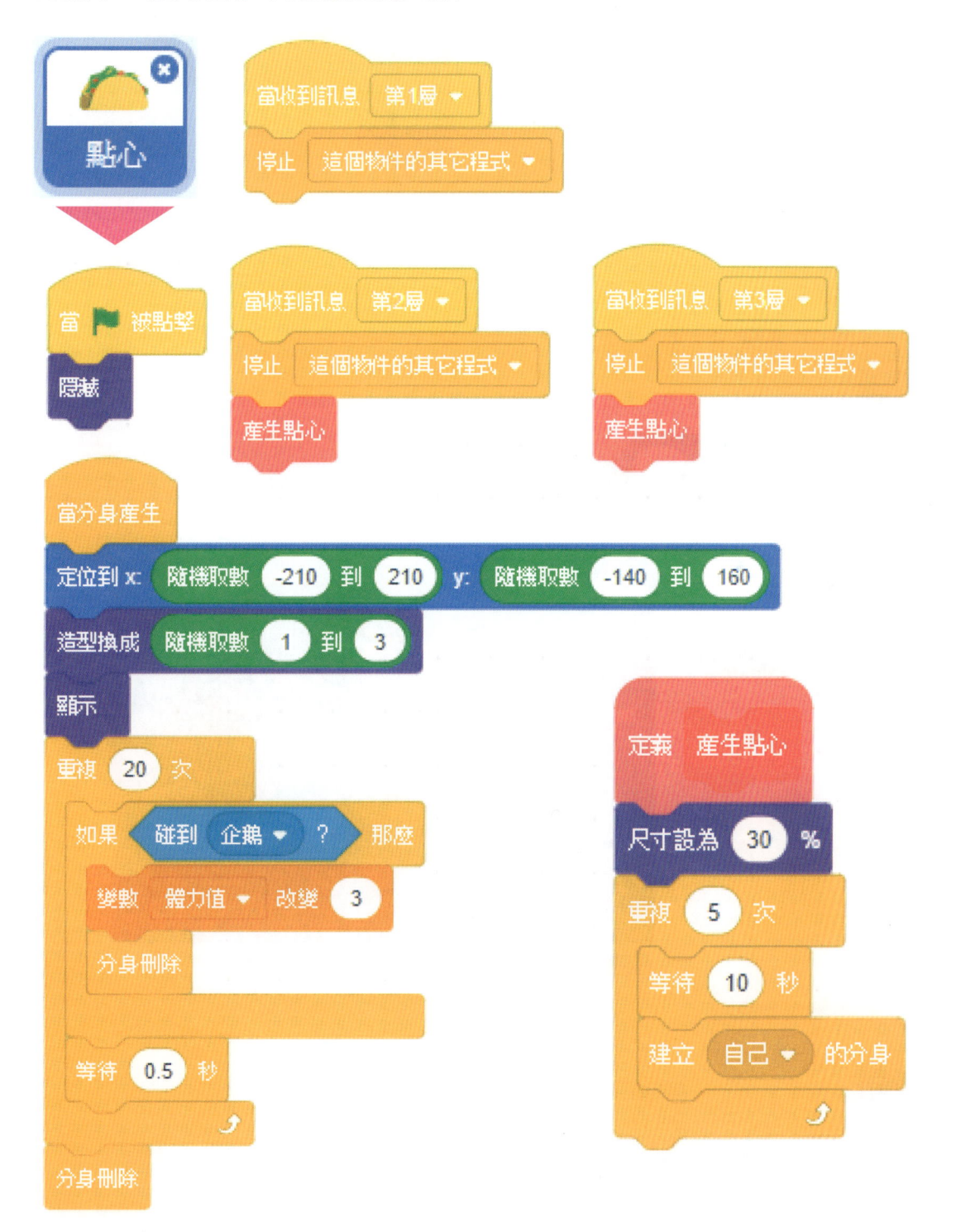

點心

當收到訊息 第1層
停止 這個物件的其它程式

當 被點擊
隱藏

當收到訊息 第2層
停止 這個物件的其它程式
產生點心

當收到訊息 第3層
停止 這個物件的其它程式
產生點心

當分身產生
定位到 x: 隨機取數 -210 到 210　y: 隨機取數 -140 到 160
造型換成 隨機取數 1 到 3
顯示
重複 20 次
　如果 碰到 企鵝 ? 那麼
　　變數 體力值 改變 3
　　分身刪除
　等待 0.5 秒
分身刪除

定義 產生點心
尺寸設為 30 %
重複 5 次
　等待 10 秒
　建立 自己 的分身

7-13 通關通道

當達到通關標準時,通道的符號出現,讓「企鵝」可以往上一層。

[往上層圖示] ➤ 當 ▶ 被點擊 / 隱藏

當背景換成 遊戲說明 / 隱藏

定義 往上層
定位到 x: 111 y: 158
隱藏
等待直到 寶石數 = 3
顯示

每層出現的位置相同,如果想讓出現位置不同,則「定位到」要在每一層分開寫。

當收到訊息 第1層
往上層

當收到訊息 第2層
往上層

當收到訊息 第3層
隱藏

第3層是最後一層,改放「飛行車」來當過關通道。

畫面呈現

7-14 過關畫面

step 1 第3層的時候出現「飛行車」停放在上方，等待「企鵝」取得鑰匙才能開走。

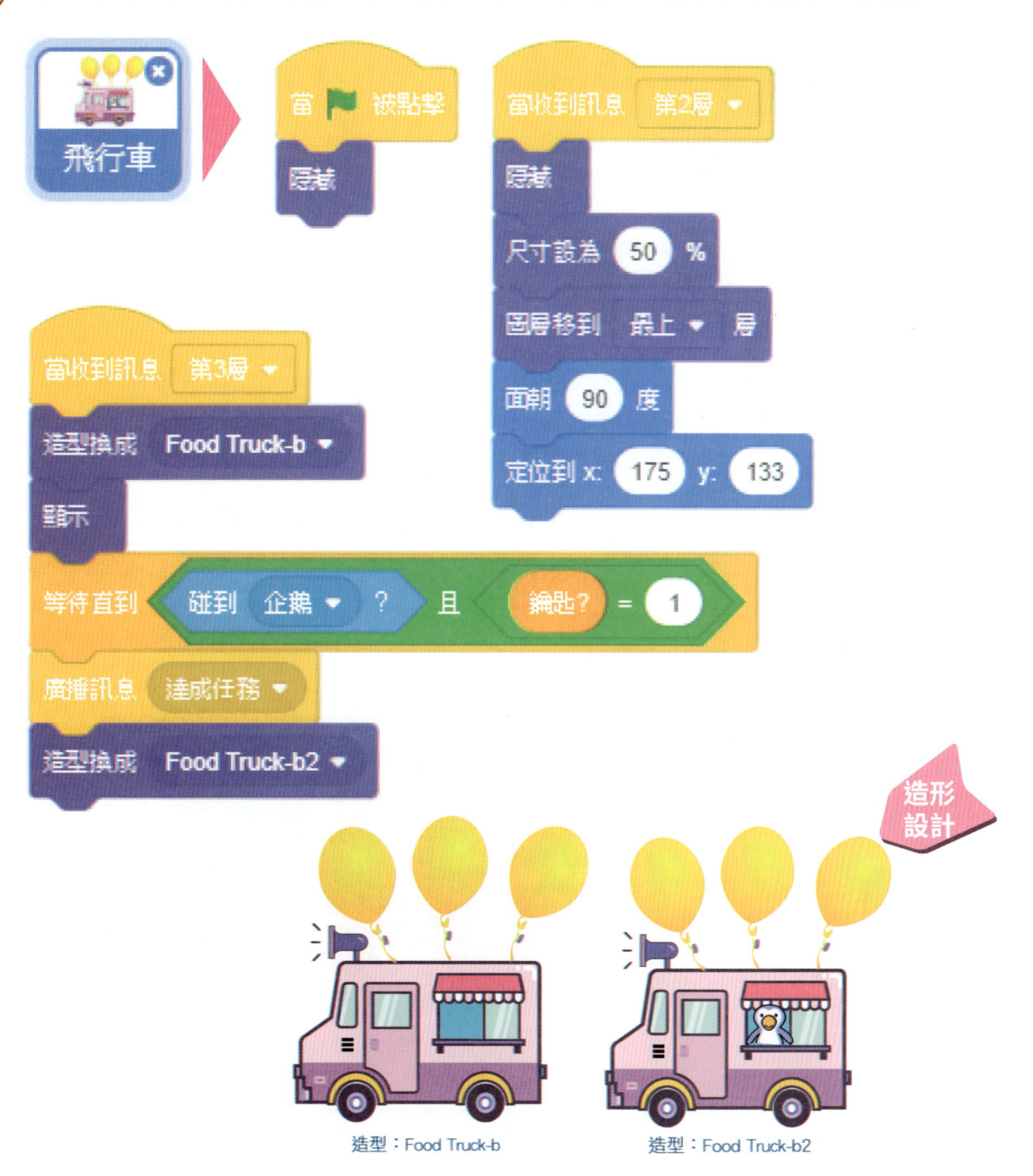

飛行車

當 ▶ 被點擊
隱藏

當收到訊息 第2層
隱藏
尺寸設為 50 %
圖層移到 最上 層
面朝 90 度
定位到 x: 175 y: 133

當收到訊息 第3層
造型換成 Food Truck-b
顯示
等待直到 碰到 企鵝 ? 且 鑰匙? = 1
廣播訊息 達成任務
造型換成 Food Truck-b2

造形設計

造型：Food Truck-b　　　造型：Food Truck-b2

7 用 Scratch 3.0 創作故事動畫及互動遊戲

```
當收到訊息 達成任務 ▼
滑行 1 秒到 x: -24 y: 161
滑行 2 秒到 x: -172 y: -24
迴轉方式設為 左-右 ▼
面朝 -90 度
重複直到 < 尺寸 = 100 >
    尺寸改變 10
    x 改變 15
    y 改變 5
    等待 0.1 秒
廣播訊息 廣播 ▼
```

→ 分成兩階段的滑行，才有辦法轉一圈。

→ 尺寸逐漸變大，並移動到目標位置。

```
當收到訊息 任務失敗 ▼
隱藏
```

畫面呈現

step 2

「廣播」是一個無造型的角色，由於要讓「飛行車」說話，使用「飛行車」的外觀積木指令「說出」並不會把文字剛好放到我們想要的地方，改善對策是另外使用一個空白角色，放在想要的位置，由這個角色來「說出」時，位置就可以剛剛好。

當 ▶ 被點擊
隱藏

當收到訊息 廣播 ▼
顯示
定位到 x: -11 y: 51
說出 北極！我來了～
等待 5 秒
停止 全部 ▼

畫面呈現

step 3

本章只示範性做往上的三層，同樣的原理可以應用在各式關卡，靠各位把遊戲設計的更好玩！

Notepage

第 8 章　遊戲創作 – 魔鬼剋星

8-1　遊戲規則

step 1　鈴鈴～電話來了～什麼！電影院鬧鬼！好的，捉鬼特攻隊立即出發！首先要先製作一段遊戲的片頭，將玩家帶入抓鬼的情境。

（範例程式請參考：「魔鬼剋星.sb3」）

step 2　先想想看，我們想要的遊戲規則是什麼？計畫一下，老師這邊所設計的是使用滑鼠移動瞄準器，按下滑鼠左鍵即可「抓住」鬼，有二個失敗條件，如果「幽靈」數量超過 5 個算失敗，「骷髏人」走到「艾比」身旁也算失敗，抓鬼總數達 50 隻過關！

先準備舞台的部分，此回使用 2 個背景，第 1 個背景在遊戲說明時使用，第 2 個背景是進入遊戲時使用。

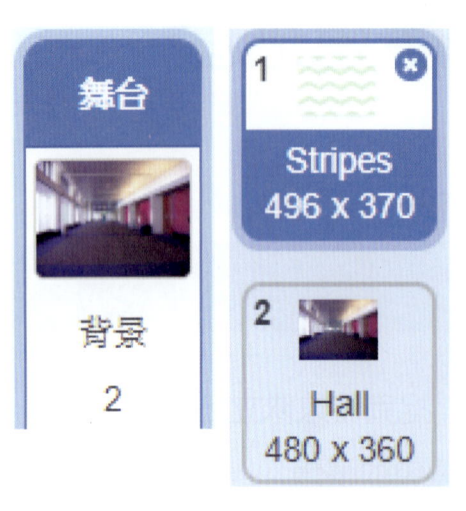

8 用 Scratch 3.0 創作故事動畫及互動遊戲

← 電話鈴聲

step 3 利用一文字型角色「規則」來顯示所有的遊戲規則內容，建議選擇較容易看到文字的舞台背景來搭配。

遊戲創作 - 魔鬼剋星 **8** 163

step 4 片頭的畫面要讓電話響起,「艾比」接電話收到鬧鬼的資訊,讓玩家準備接受任務進入遊戲。

造型設計

造型：Monet-a

造型：Monet-b

利用這兩個程式同步運作,造型輪流切換像是嘴巴在動,搭配說出的內容,就像真的在說話了。

什麼!電影院鬧鬼!

電話機是使用內建圖庫的建築物拿來應用,有看出來了嗎?

step 5 講完後廣播訊息「遊戲規則」,帶出前面所設計的「規則」角色,完成整個遊戲規則畫面。

8-2 遊戲時的背景效果

在遊戲規則畫面按下空白鍵後進入到遊戲的場景，我們先把「舞台」的程式完成。

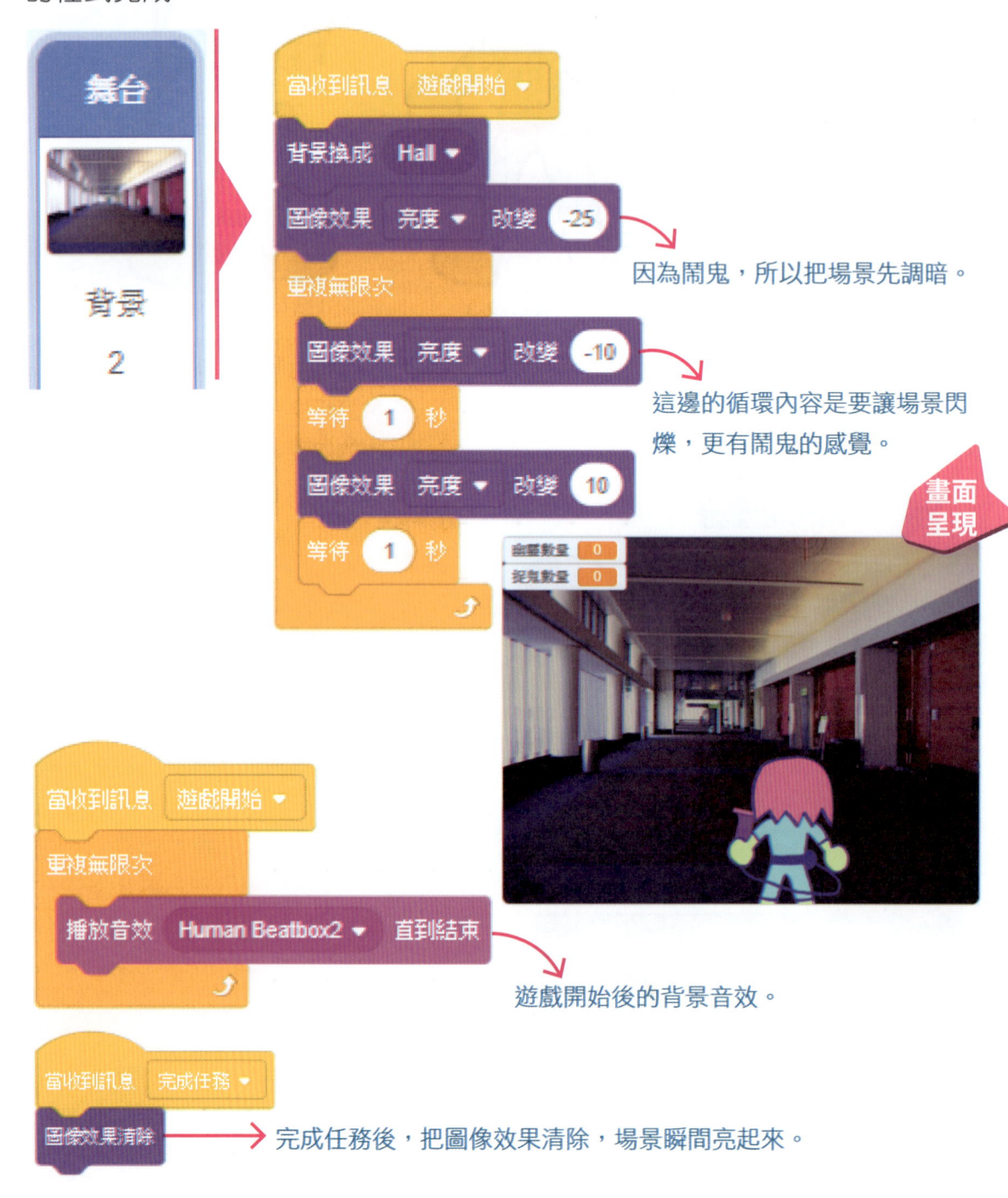

因為鬧鬼，所以把場景先調暗。

這邊的循環內容是要讓場景閃爍，更有鬧鬼的感覺。

畫面呈現

遊戲開始後的背景音效。

完成任務後，把圖像效果清除，場景瞬間亮起來。

8-3 捉鬼裝置的變化

step 1

艾比

當收到訊息 遊戲開始
停止 這個物件的其它程式
圖層移到 最上 層
造型換成 Monet-e
定位到 x: 50 y: -123

→ 使前面重複無限次的說話造型輪替程式強制的停止，以跳出迴圈。

造形設計

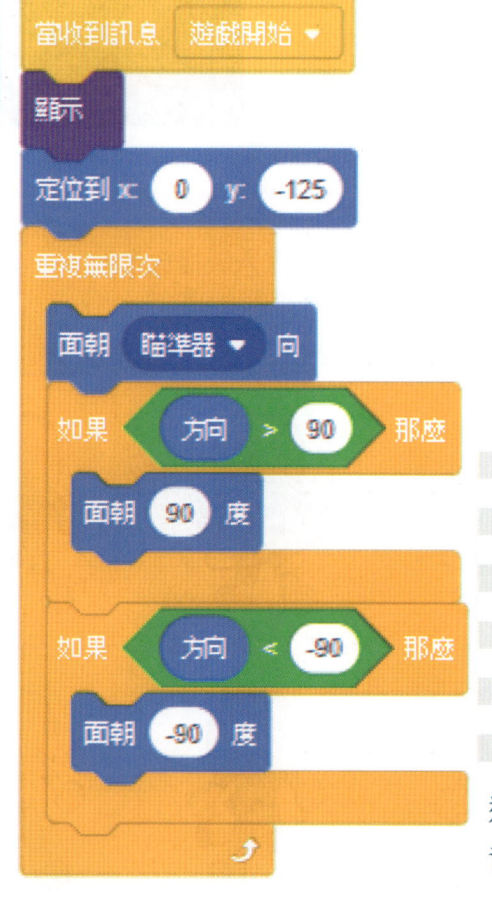

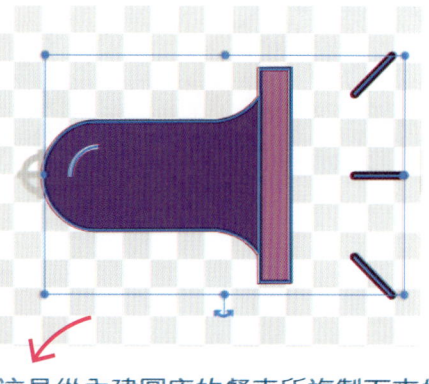

造型：Monet-e

step 2

捉鬼器

當 ▶ 被點擊
隱藏

當收到訊息 遊戲開始
顯示
定位到 x: 0 y: -125
重複無限次
　面朝 瞄準器 向
　如果 方向 > 90 那麼
　　面朝 90 度
　如果 方向 < -90 那麼
　　面朝 -90 度

這是從內建圖庫的餐車所複製下來的擴音器，請注意擴音器的中心點位置。

8 用 Scratch 3.0 創作故事動畫及互動遊戲

step 3 「捉鬼器」是要放到「艾比」的手上，因此請注意 2 個角色之間的相對位置與座標。

捉鬼器

```
當收到訊息 遊戲開始
變數 捉鬼數量 設為 0
等待直到  捉鬼數量 > 49     ← 完成任務的過關條件。
廣播訊息 完成任務

當收到訊息 完成任務
隱藏

當收到訊息 捉到鬼
播放音效 Glug 直到結束     ← 捉到鬼入袋播放音效。
```

畫面呈現

step 4 「艾比」捉到鬼的時候，搭配造型的變化，就會像吸進袋子裡的感覺。

艾比

造形設計

造型：Monet-e2　　造型：Monet-e3　　造型：Monet-e4

造型：Monet-e5　　造型：Monet-e6　　造型：Monet-e7

遊戲創作 - 魔鬼剋星 8

當收到訊息 捉到鬼
重複直到 造型 編號 = 9
　造型換成下一個 → 造型輪替一次，表現吸到鬼入袋的感覺。
　等待 0.1 秒
造型換成 Monet-e

當收到訊息 捉鬼失敗
造型換成 Monet-c
想著 被鬼附身了....
等待 3 秒
停止 全部

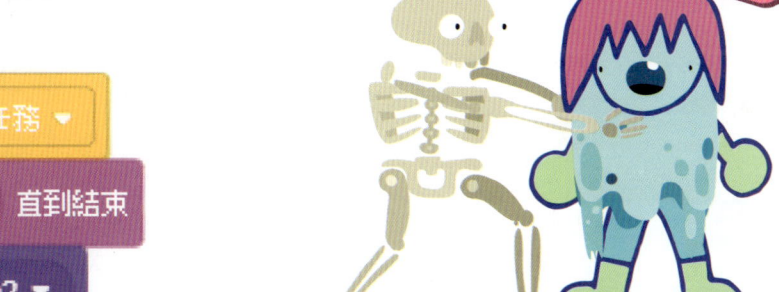

造形設計

造型：Monet-c

當收到訊息 完成任務
播放音效 Win 直到結束
造型換成 Monet-a2
定位到 x: -40 y: -75
說出 收工回家！
重複 3 次
　造型換成 Monet-b2
　等待 0.3 秒
　造型換成 Monet-a2
　等待 0.3 秒
停止 全部

造形設計

造型：Monet-a2　　造型：Monet-b2

8-4 瞄準器

射擊類或狙擊類的遊戲都會需要這個瞄準器，本章節教各位以下的基本寫法。瞄準器的造型須自行繪製，尺寸的大小會影響遊戲的困難度。

造形設計

畫面呈現

開始的時候先定位在舞台正中央。

保持與鼠標位置相同。

這是限制瞄準器的瞄準範圍，不希望瞄準範圍比「艾比」還要後面，因此小於「艾比」水平位置的座標一律往前固定。

配合射擊發出聲音效果。

8-5 幽靈出沒

step 1 本節的幽靈為了使分身變換造型，使用「當分身產生」2次，讓變換造型與動作程式分開同步進行。

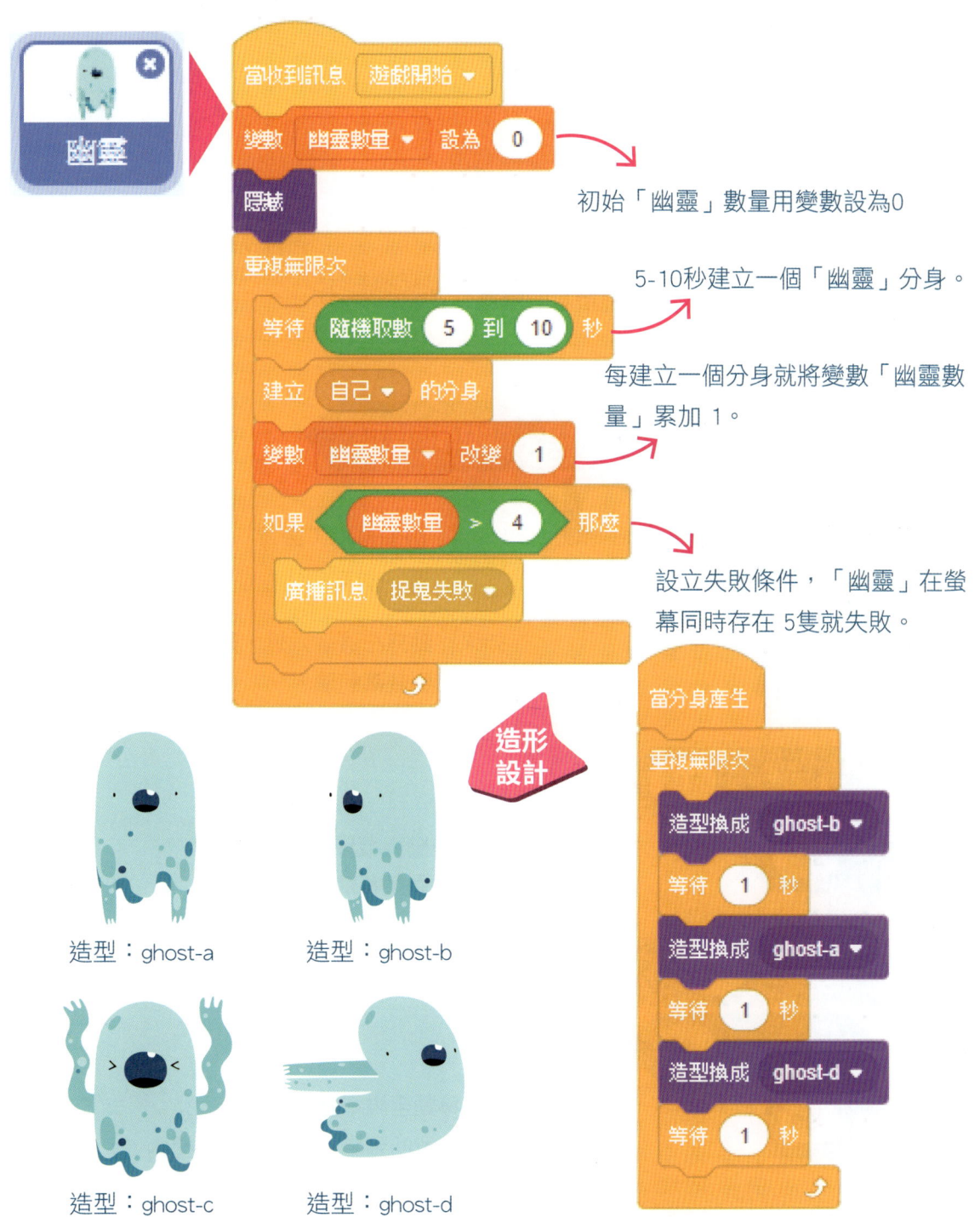

初始「幽靈」數量用變數設為0

5-10秒建立一個「幽靈」分身。

每建立一個分身就將變數「幽靈數量」累加1。

設立失敗條件，「幽靈」在螢幕同時存在 5隻就失敗。

造形設計

造型：ghost-a

造型：ghost-b

造型：ghost-c

造型：ghost-d

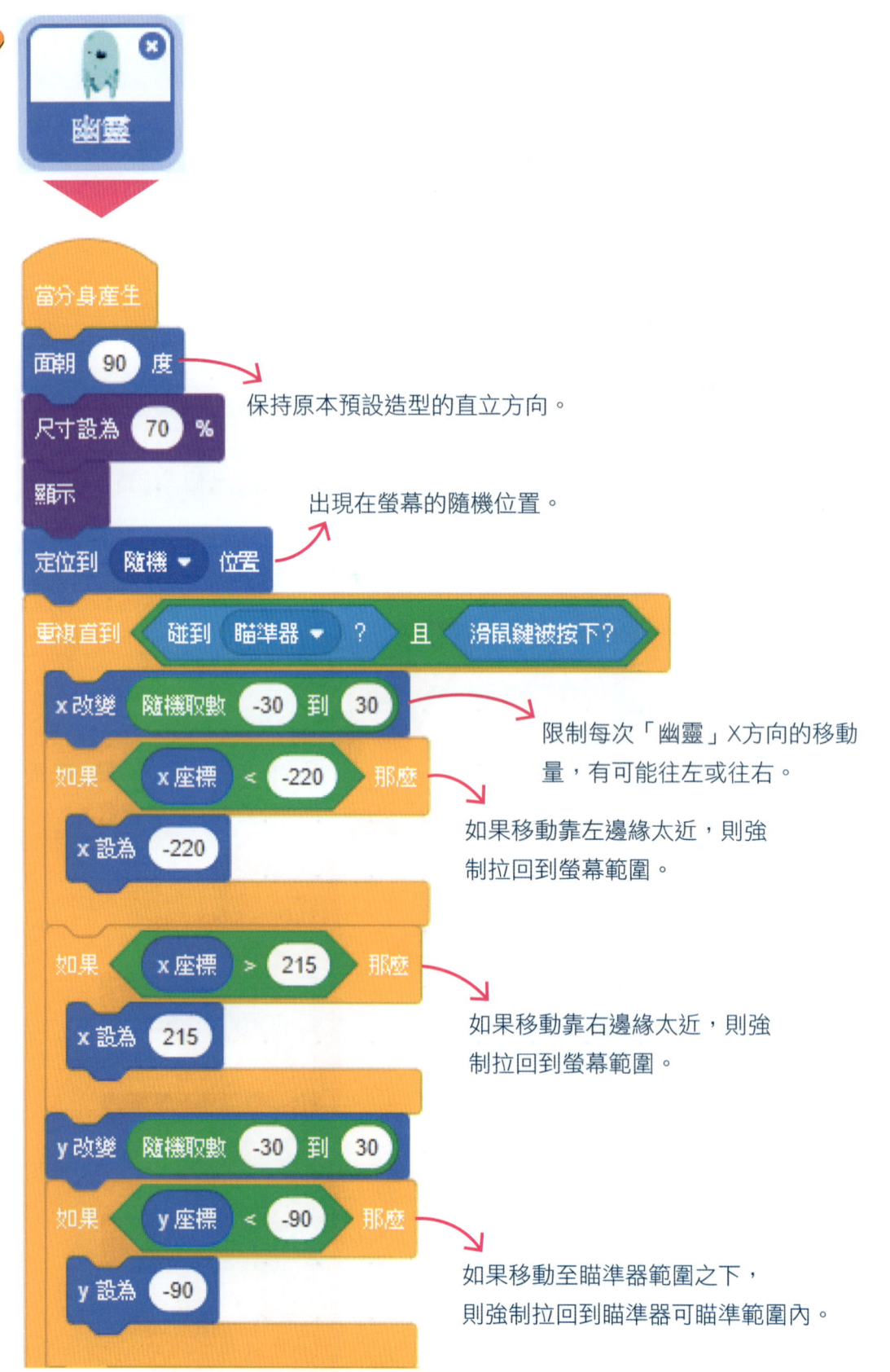

8 用 Scratch 3.0 創作故事動畫及互動遊戲

step 2 幽靈

當分身產生
- 面朝 90 度 → 保持原本預設造型的直立方向。
- 尺寸設為 70 %
- 顯示 → 出現在螢幕的隨機位置。
- 定位到 隨機 位置
- 重複直到 〈碰到 瞄準器？〉 且 〈滑鼠鍵被按下？〉
  - x 改變 隨機取數 -30 到 30 → 限制每次「幽靈」X方向的移動量，有可能往左或往右。
  - 如果 〈x 座標 < -220〉 那麼
    - x 設為 -220
  - 如果移動靠左邊緣太近，則強制拉回到螢幕範圍。
  - 如果 〈x 座標 > 215〉 那麼
    - x 設為 215
  - 如果移動靠右邊緣太近，則強制拉回到螢幕範圍。
  - y 改變 隨機取數 -30 到 30
  - 如果 〈y 座標 < -90〉 那麼
    - y 設為 -90
  - 如果移動至瞄準器範圍之下，則強制拉回到瞄準器可瞄準範圍內。

程式續接下欄

🔖 程式接續上欄

- 如果 `y 座標 > 130` 那麼
  - y 設為 130

→ 如果移動靠上邊緣太近，則強制拉回到螢幕範圍。

- 等待 0.1 秒

- 造型換成 ghost-c → 被瞄準打到的當下脫離迴圈，變換造型。
- 等待 1 秒
- 重複直到 `碰到 捉鬼器？`
  - 將A吸引到B `x座標` `y座標` `捉鬼器 的 x座標` `捉鬼器 的 y座標`
  - 尺寸設為 `尺寸 / 2` %
  - 圖像效果 像素化 改變 50

這迴圈的部分有應用到一個特別的函式積木（下一步驟介紹），必須先寫好函式積木才能使用。

使用時需要提供 4個座標數據給函式計算，然後執行函式的內容。

尺寸每次縮小為上一次尺寸的一半，好像被吸進去逐漸縮小。

- 變數 幽靈數量 改變 -1
- 變數 捉鬼數量 改變 1

使用圖像效果讓造型逐漸糊化。

- 廣播訊息 捉到鬼
- 分身刪除

用 Scratch 3.0 創作故事動畫及互動遊戲

step 3 製作一個「將 A 吸引到 B」的函式積木。

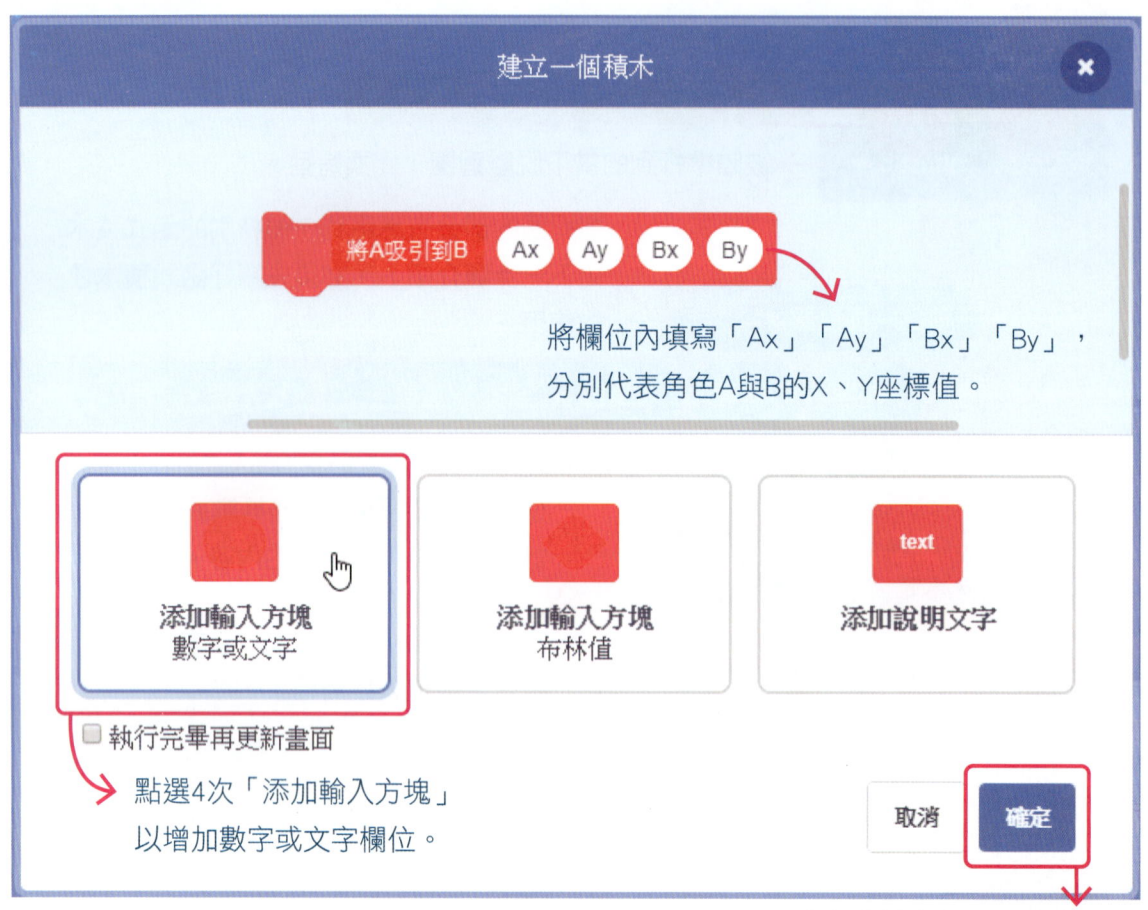

函式積木
建立一個積木

建立一個積木

將A吸引到B Ax Ay Bx By

將欄位內填寫「Ax」「Ay」「Bx」「By」，分別代表角色A與B的X、Y座標值。

添加輸入方塊 數字或文字

添加輸入方塊 布林值

添加說明文字

☐ 執行完畢再更新畫面

點選4次「添加輸入方塊」以增加數字或文字欄位。

取消　確定

確定後就會在函式積木多一個「將A吸引到B」的積木。

函式積木
建立一個積木

將A吸引到B ◯ ◯ ◯ ◯

遊戲創作 - 魔鬼剋星 **8** 173

step 4

幽靈

定義 將A吸引到B Ax Ay Bx By

Ax 要將A吸引到B， Bx
針對於X、Y座標分別處理，
每次移動座標間距的1/2

Bx - Ax → ◯ / 2 → Bx - Ax / 2

Ax + Bx - Ax / 2 ← Ax + ◯

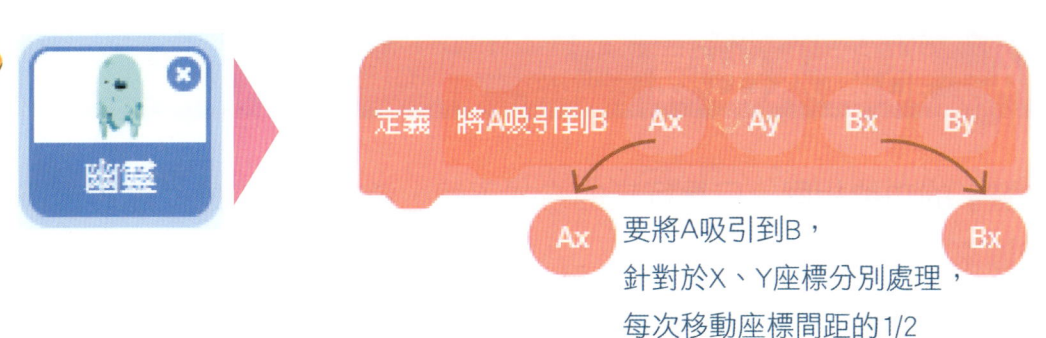

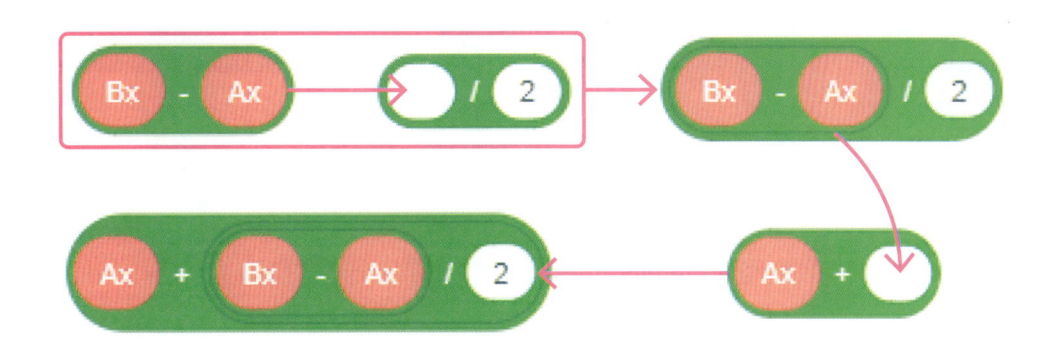

step 5 完成「將 A 吸引到 B」的函式定義。

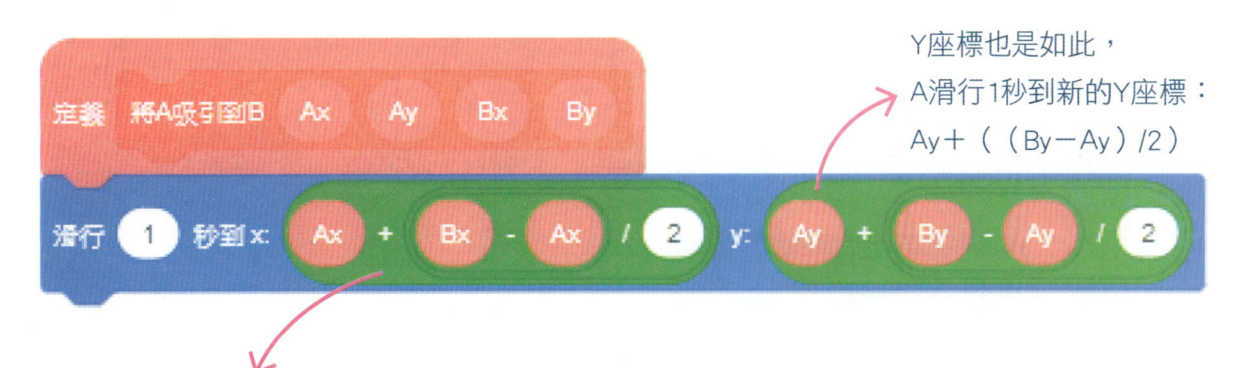

Y座標也是如此，
A滑行1秒到新的Y座標：
Ay＋（（By－Ay）/2）

定義 將A吸引到B Ax Ay Bx By

滑行 1 秒到 x: Ax + Bx - Ax / 2 y: Ay + By - Ay / 2

A滑行1秒到新的X座標：Ax＋（（Bx－Ax）/2）
要注意先乘除後加減的問題，所以積木位置要放對。

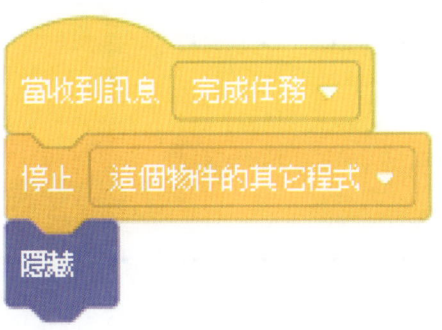

當收到訊息 完成任務 ▼

停止 這個物件的其它程式 ▼

隱藏

畫面呈現

幽靈數量 2
捉鬼數量 3

8-6 骷髏人出場

step 1 與「幽靈」的功能相同，只是行走的方式不同，希望看起來是從遠方慢慢往前走過來。

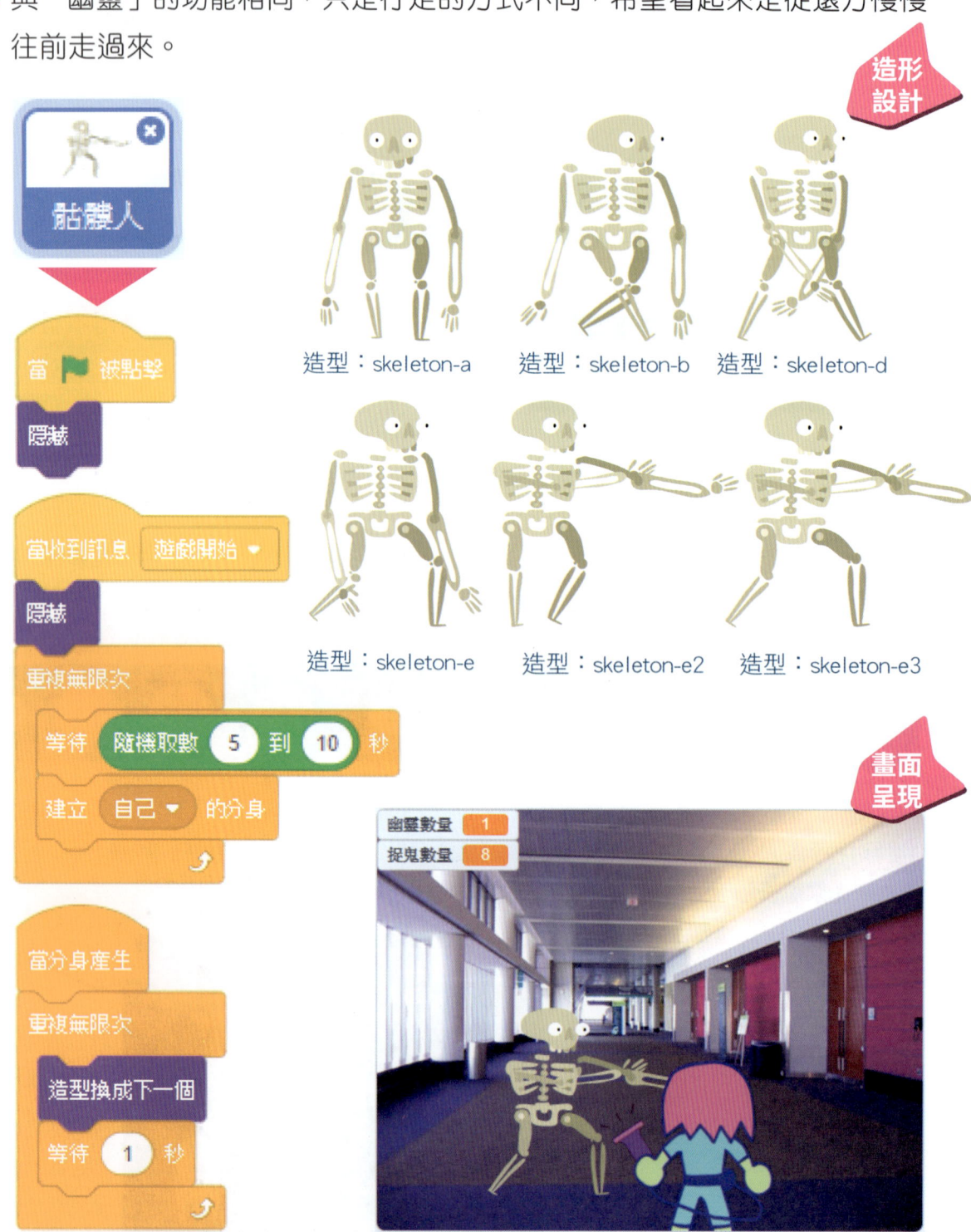

造形設計

造型：skeleton-a
造型：skeleton-b
造型：skeleton-d
造型：skeleton-e
造型：skeleton-e2
造型：skeleton-e3

畫面呈現

遊戲創作 - 魔鬼剋星 8 175

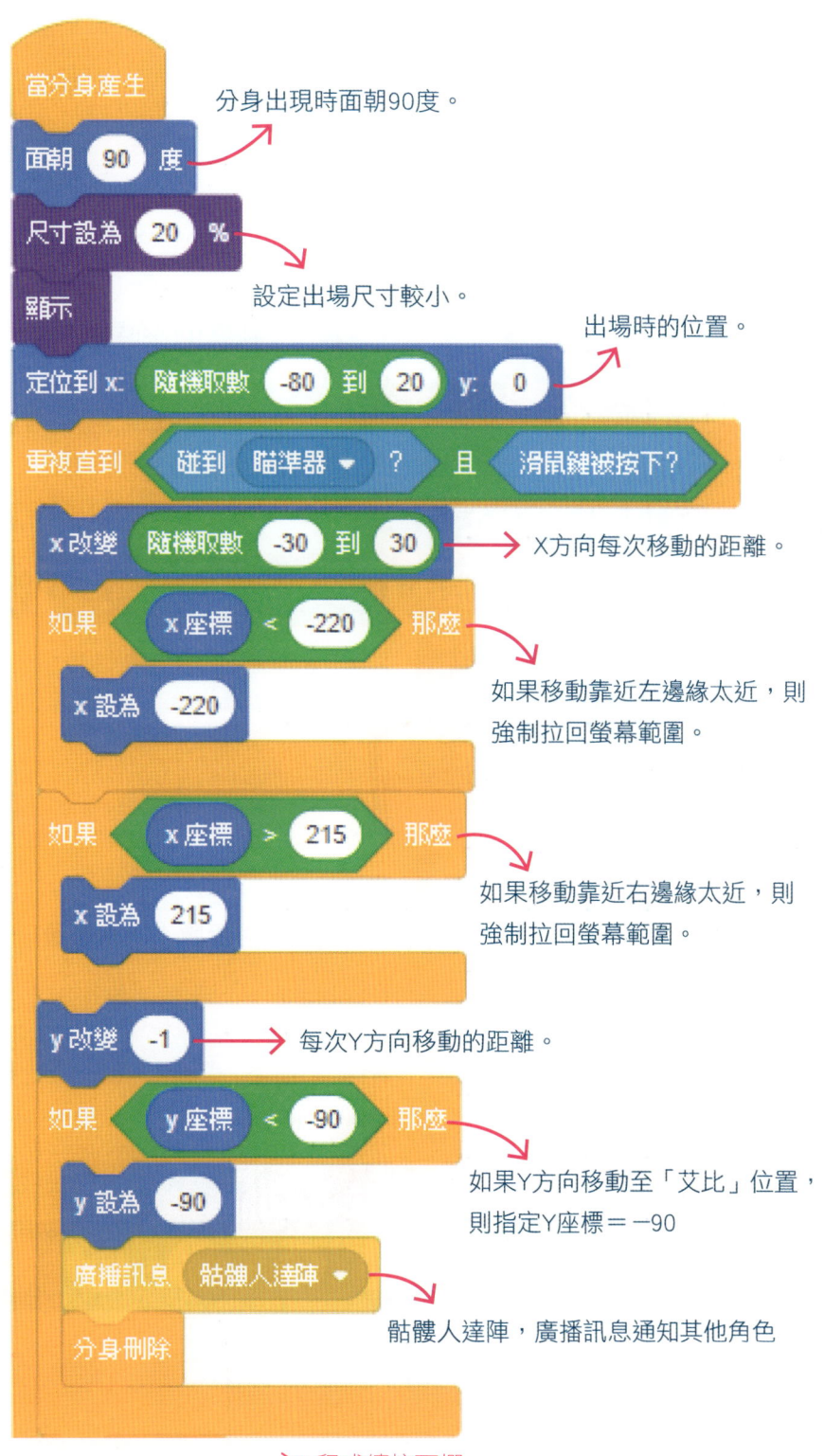

step 2 — 骷髏人

```
當分身產生
面朝 90 度                    ← 分身出現時面朝90度。
尺寸設為 20 %                 ← 設定出場尺寸較小。
顯示
定位到 x: 隨機取數 -80 到 20  y: 0   ← 出場時的位置。

重複直到 <碰到 瞄準器?> 且 <滑鼠鍵被按下?>
    x 改變 隨機取數 -30 到 30         ← X方向每次移動的距離。
    如果 <x 座標 < -220> 那麼
        x 設為 -220                  ← 如果移動靠近左邊緣太近,則強制拉回螢幕範圍。
    如果 <x 座標 > 215> 那麼
        x 設為 215                   ← 如果移動靠近右邊緣太近,則強制拉回螢幕範圍。
    y 改變 -1                        ← 每次Y方向移動的距離。
    如果 <y 座標 < -90> 那麼
        y 設為 -90                   ← 如果Y方向移動至「艾比」位置,則指定Y座標 = -90
        廣播訊息 骷髏人達陣           ← 骷髏人達陣,廣播訊息通知其他角色
        分身刪除
```

☞ 程式續接下欄

程式接續上欄

```
等待 0.3 秒
尺寸改變 1        ← 每次迴圈尺寸逐漸變大。
如果 尺寸 > 100 那麼
    尺寸設為 100 %   ← 當尺寸到達100%時就不變大小。

重複直到 碰到 捉鬼器 ?
    將A吸引到B x座標 y座標 捉鬼器 的 x座標  捉鬼器 的 y座標
    尺寸設為 尺寸 / 2 %
    圖像效果 像素化 改變 50

變數 捉鬼數量 改變 1   ← 碰到捉鬼器則變數「捉鬼數量」+1
廣播訊息 捉到鬼
分身刪除
```

```
定義 將A吸引到B Ax Ay Bx By
滑行 1 秒到 x: Ax + Bx - Ax / 2  y: Ay + By - Ay / 2
```

遊戲創作 - 魔鬼剋星 **8** 177

step 3

骷髏人

當收到訊息 骷髏人達陣
停止 這個物件的其它程式

用來強制停止原本
不停重複的其他程式。

定位到 x: -130 y: -110
顯示

這次指的是本尊定位位置。

重複直到 x座標 > -60
　x 改變 5
　造型換成 skeleton-e2
　等待 0.3 秒
　造型換成 skeleton-e3
　等待 0.3 秒
廣播訊息 捉鬼失敗

「骷髏人」慢慢走向「艾比」，
然後掐住「艾比」的脖子。

畫面呈現

幽靈數量 1
捉鬼數量 4

當收到訊息 完成任務
停止 這個物件的其它程式
隱藏

將這個角色的
其他程式都停止下來。

8-7 結束畫面

step 1 簡單的使用文字型角色，在收到任務失敗的訊息後顯示出來。您也可以製作一段失敗時的動畫。

造形設計

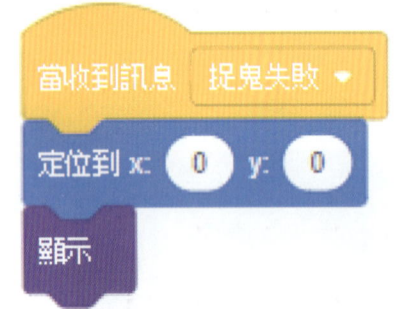

step 2

任務成功的畫面也簡單以說話及音效帶過，若希望更精緻也可以做一段動畫。

收工回家！

第 9 章　遊戲創作－大象投籃球

大象投籃球

遊戲規則：
1. 使用 ← → 鍵來控制投籃角度
2. 力量大小會不停的變化，當按下 ↑ 鍵則籃球投出。
3. 每局可投10球。
4. 按下 空白鍵 則遊戲開始。

| 力量 | 40 | 角度 | 75 | 剩餘球數 | 0 | 進球數 | 0 |

（範例程式請參考：「大象投籃球.sb3」）

一起來成為投籃高手吧～

9-1　遊戲規則

step 1　先準備好舞台的背景及音效，籃框較不清楚，需要幫忙畫清楚一些。

造型：Basketball 2

造形設計

舞台 / 背景 1

當 ▶ 被點擊
重複無限次
　播放音效 Dance Funky 直到結束

step 2　使用文字型角色，來介紹遊戲規則。

規則

當 ▶ 被點擊
顯示

當 空白 ▼ 鍵被按下
廣播訊息 遊戲開始
隱藏

填滿　外框　0　中文

大象投籃球

遊戲規則：
1. 使用 ← → 鍵來控制投籃角度
2. 力量大小會不停的變化，當按下 ↑ 鍵則籃球投出。
3. 每局可投10球。
4. 按下 空白鍵 則遊戲開始。

遊戲創作 - 大象投籃球

step 3

大象

- 當 🚩 被點擊
- 造型換成 elephant-a
- 顯示

造型設計

造型：elephant-a

step 4

籃球

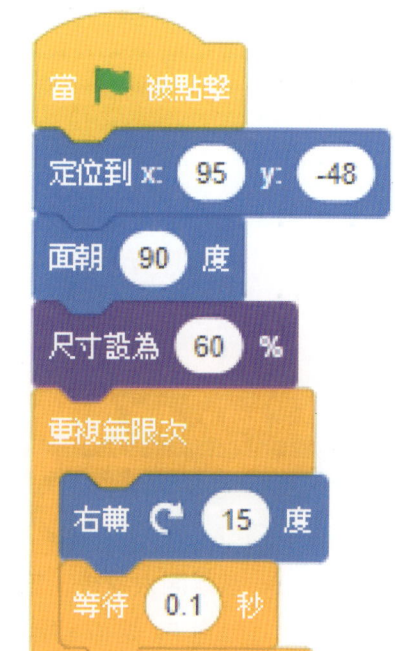

- 當 🚩 被點擊
- 定位到 x: 95 y: -48
- 面朝 90 度
- 尺寸設為 60 %
- 重複無限次
  - 右轉 ⟳ 15 度
  - 等待 0.1 秒

造型設計

造型：basketball

9-2 拋射運動

上一章有教各位新增函式積木的方法，這節不再贅述。此章重點要運用物理學中的牛頓運動定律，將拋射運動的曲線合理化。

移動距離 d＝初速度 v0×經過時間 t＋1/2×加速度 a×（經過時間 t）^{2}

由於行進方向有 x 及 y，因此須有向量分量的觀念，將 x 及 y 分別計算。

x 方向移動距離 dx ＝ vx0×t ＋ 1/2×ax×t^2
y 方向移動距離 dy ＝ vy0×t ＋ 1/2×ay×t^2

所以座標會隨著經過時間 t 而改變，但計算的時候要注意往左或往右的方向，如果是往左則移動距離 dx 必須是負值，才符合向量的計算。

新座標 x ＝ 舊座標 x ＋ 移動距離 dx
新座標 y ＝ 舊座標 y ＋ 移動距離 dy

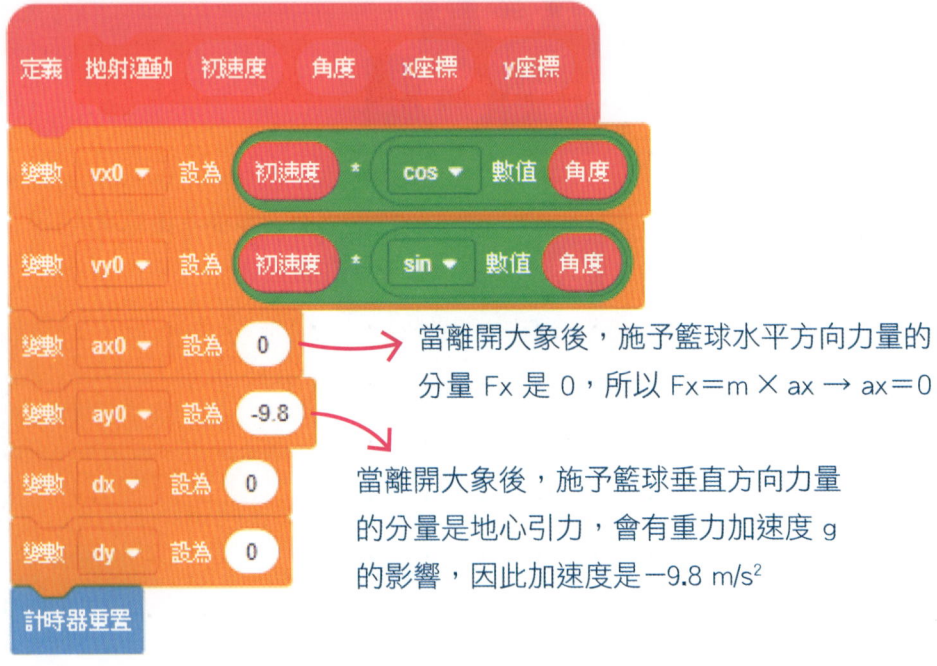

當離開大象後，施予籃球水平方向力量的分量 Fx 是 0，所以 Fx＝m×ax → ax＝0

當離開大象後，施予籃球垂直方向力量的分量是地心引力，會有重力加速度 g 的影響，因此加速度是－9.8 m/s^2

☟程式續接下欄

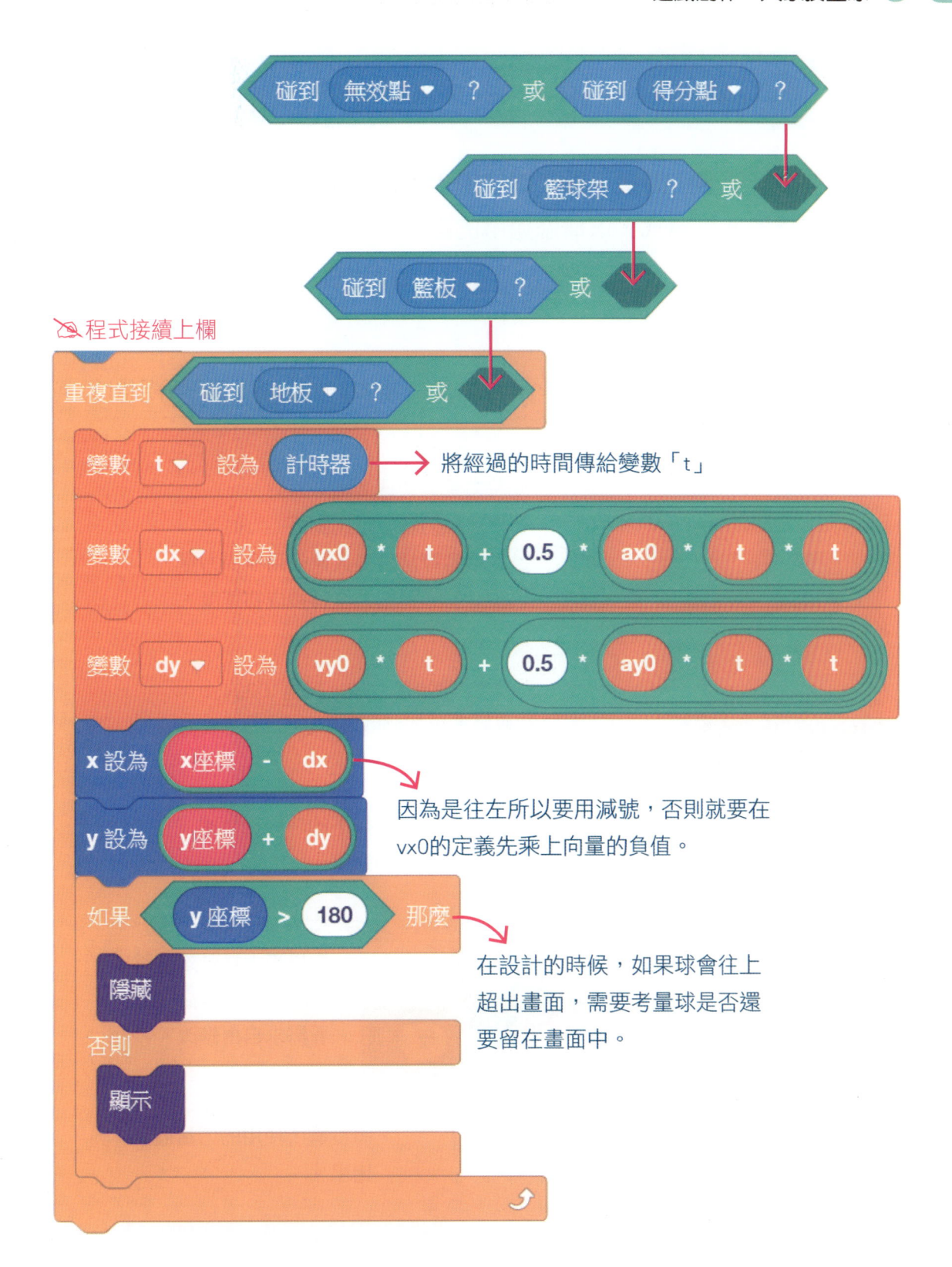

遊戲創作 - 大象投籃球

碰到 無效點 ? 或 碰到 得分點 ?

碰到 籃球架 ? 或

碰到 籃板 ? 或

📣 程式接續上欄

重複直到 碰到 地板 ? 或

變數 t 設為 計時器 → 將經過的時間傳給變數「t」

變數 dx 設為 vx0 * t + 0.5 * ax0 * t * t

變數 dy 設為 vy0 * t + 0.5 * ay0 * t * t

x 設為 x座標 - dx

y 設為 y座標 + dy

因為是往左所以要用減號，否則就要在 vx0的定義先乘上向量的負值。

如果 y座標 > 180 那麼

隱藏

否則

顯示

在設計的時候，如果球會往上超出畫面，需要考量球是否還要留在畫面中。

9-3　數據連續往復變動

遊戲設計要讓「力量」是一個往復變動的變數，在按下「向上鍵」的當下把數據帶入計算式，以增添遊戲的趣味性。

籃球

當收到訊息 遊戲開始
變數 力量 設為 0　→ 先將力量與初速度歸零。初速度與力量呈正比關係，遊戲者瞭解的是大象使用多少力量，但設計者必須把力量轉換成初速度。
變數 初速度 設為 0

重複無限次
　重複直到 力量 = 100　→ 力量從0開始往上加，到達100的時候脫離這個迴圈。
　　變數 力量 設為 力量 + 1
　　如果 向上 鍵被按下？ 那麼　→ 向上鍵按下的時候把數據轉成初速度。
　　　變數 初速度 設為 力量 * 0.8　→ 這個0.8是修正係數，數據越大移動速度越快，也飛得越高，可看需求自由修改。
　　　說出 字串組合 力量值= 力量 持續 2 秒　→ 將投擲所使用的力量值說出來。
　　等待 0.01 秒　→ 變化的間隔時間。

　重複直到 力量 = 0　→ 力量從100開始往下減，到達0的時候脫離這個迴圈。
　　變數 力量 設為 力量 - 1

程式續接下欄

📎 程式接續上欄

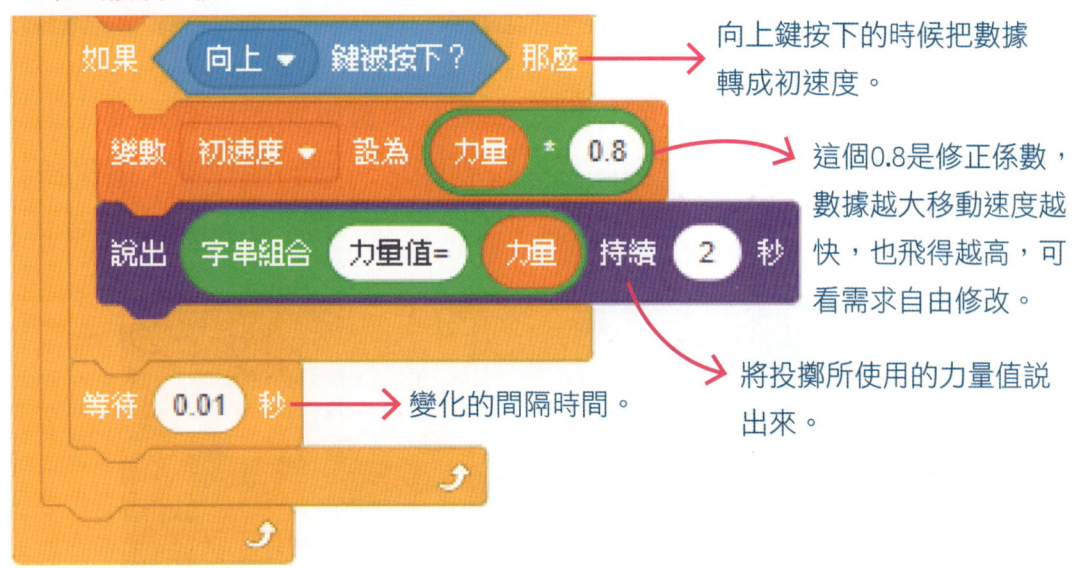

[程式積木圖示]

向上鍵按下的時候把數據轉成初速度。

這個0.8是修正係數，數據越大移動速度越快，也飛得越高，可看需求自由修改。

將投擲所使用的力量值說出來。

變化的間隔時間。

9-4　玩家可調整的角度變數

投擲或發射遊戲都會有角度的考量，也可以同步調整發射者的角度，例如砲台角度等。在這個遊戲中，定義水平角度是 0，垂直向上角度是 90，因此調整範圍是 0 ～ 90，以 1 作為調整間隔。

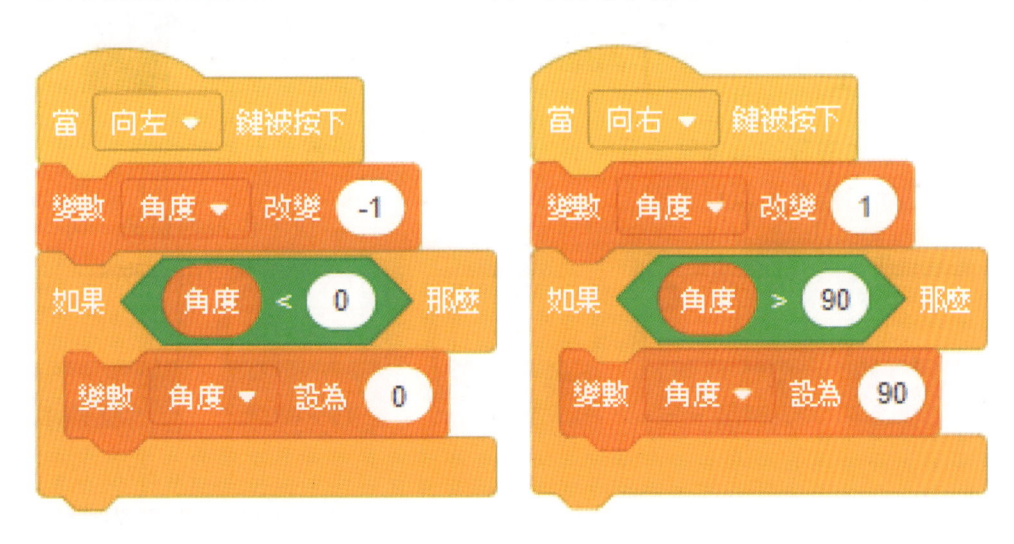

9-5　感測器的設置

step 1　看似簡單的一個投籃，除了拋物線很重要外，設置感測器也很重要，因為要知道籃球是順利進籃網、撞到籃框、打到籃板、敲到籃球架、還是掉到地板。

畫面呈現

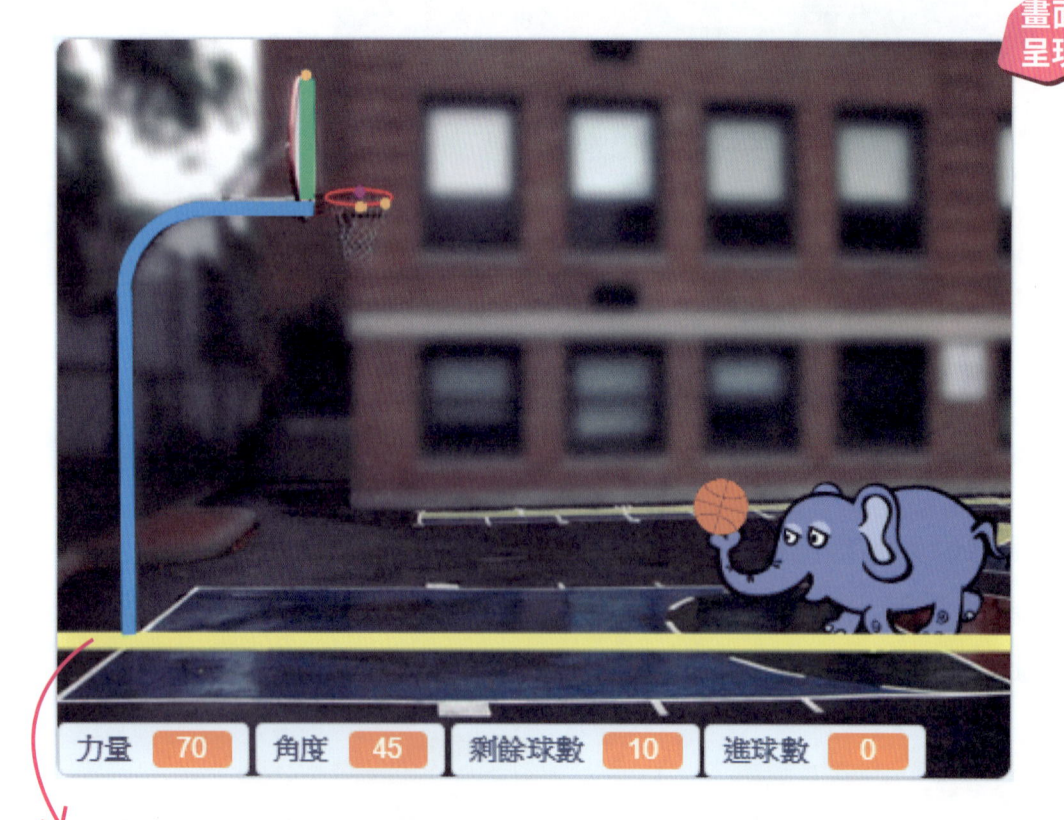

圖中用顏色所繪製的區域就是感測器，在這章的遊戲設置了五款感測器，需要分別新增角色，以利區別。

| 地板 | 籃球架 | 籃板 | 無效點 | 得分點 |

step 2　繪製感測器是有訣竅的，請先在舞台背景中把目前的場景轉換成向量圖，然後直接用喜歡的顏色描繪，盡量採用方形、圓形、擦子來完成繪製，繪製完成後當然也是向量圖格式較好處理。

遊戲創作 - 大象投籃球　**9**　187

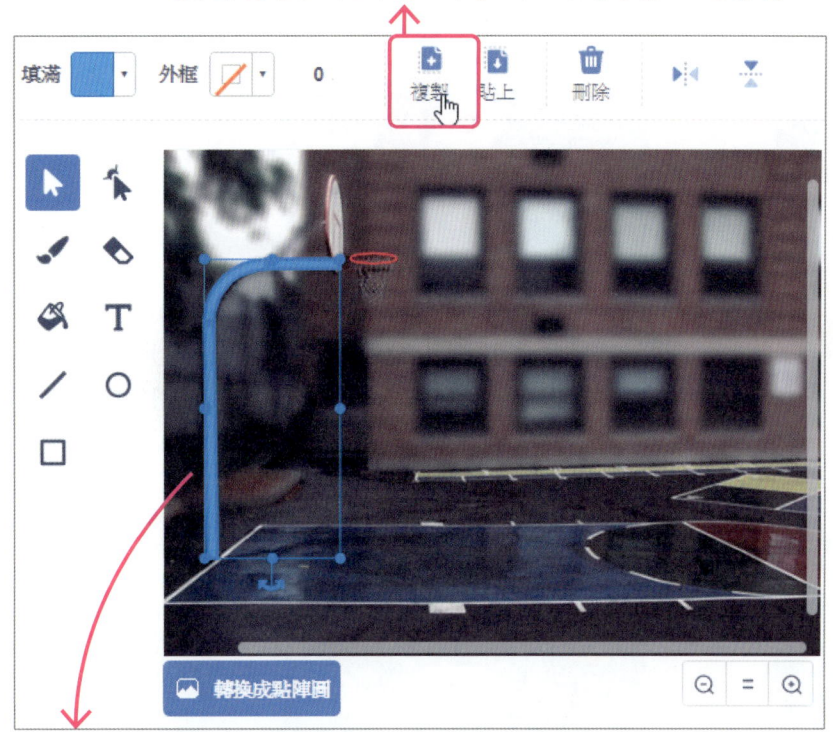

②完成後用「選取」工具選取，然後點選「複製」。

①在背景圖轉換成向量圖後，用繪圖工具描繪出籃球架，
可以分成好幾截沒關係，只要再把它們群組起來即可。

step 3 開一個用繪畫方式建立的角色，並命名為「籃球架」，然後貼上。造型完成後要記得回去舞台背景，把原始繪圖刪除。其他感測器如法泡製。

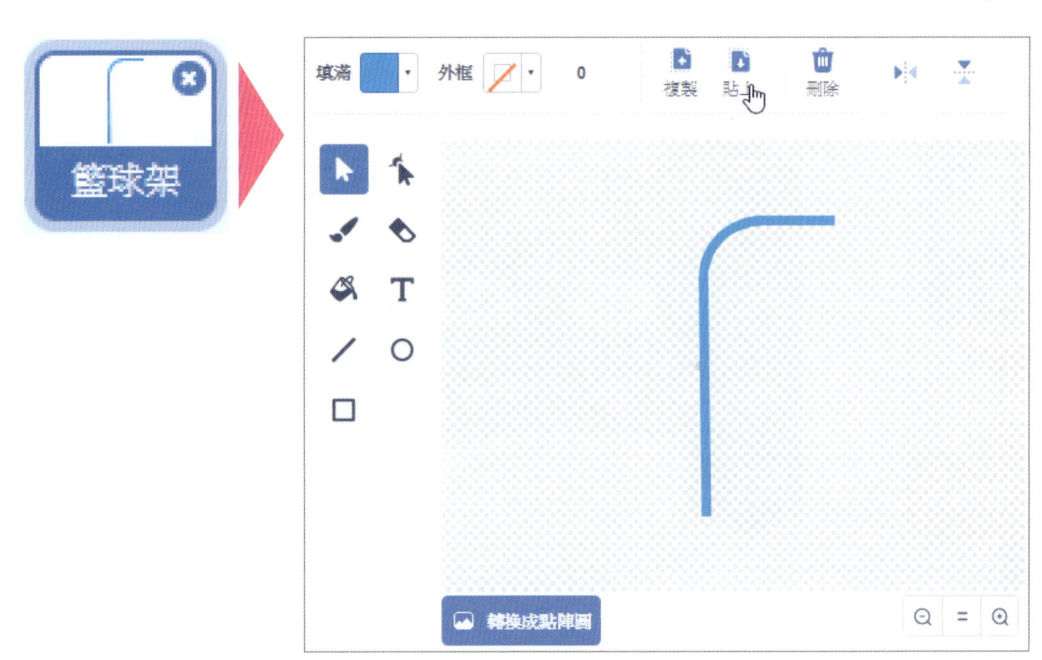

9 用 Scratch 3.0 創作故事動畫及互動遊戲

step 4

地板

當收到訊息 遊戲開始
定位到 x: 0 y: -110
圖像效果 幻影 設為 100
顯示

當 ▶ 被點擊
隱藏

使用圖像效果「幻影」設為 100 的目的是要讓遊戲期間「地板」感測器變成透明，使角色「籃球」可以碰到「地板」，如果使用隱藏則互相碰觸不到。

step 5

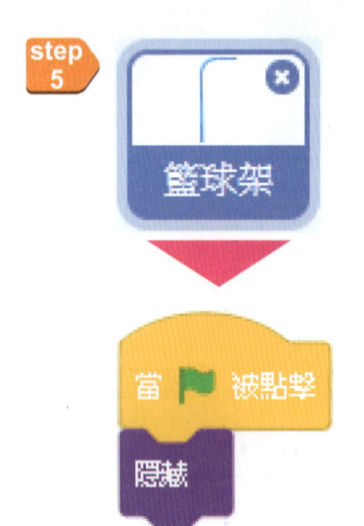

籃球架

當收到訊息 遊戲開始
定位到 x: -209 y: -5
圖像效果 幻影 設為 100
顯示

當 ▶ 被點擊
隱藏

step 6

籃板

當收到訊息 遊戲開始
定位到 x: -113 y: 132
圖像效果 幻影 設為 100
顯示

當 ▶ 被點擊
隱藏

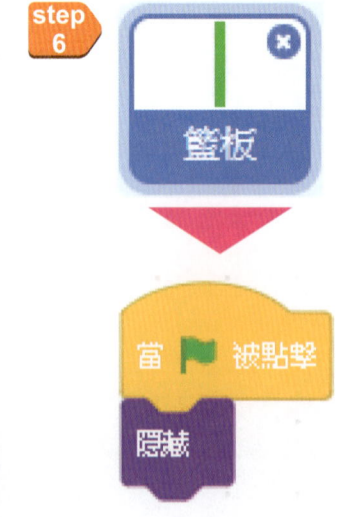

遊戲創作 - 大象投籃球　9

step 7　「無效點」所點的位置就是「籃球」撞到籃框會彈開的位置，撞到這些點將無法進球。

對於「無效點」角色：
- 當綠旗被點擊 → 隱藏
- 當收到訊息「遊戲開始」→ 定位到 x: -68 y: 99，圖像效果 幻影 設為 100，顯示

step 8　「得分點」指的位置就是「籃球」進籃網的關鍵點。

對於「得分點」角色：
- 當綠旗被點擊 → 隱藏
- 當收到訊息「遊戲開始」→ 定位到 x: -87 y: 106，圖像效果 幻影 設為 100，顯示

9-6　籃球與感測器的互動效應

當遊戲開始，籃球投擲出去，會碰觸到我們所設的感測器。

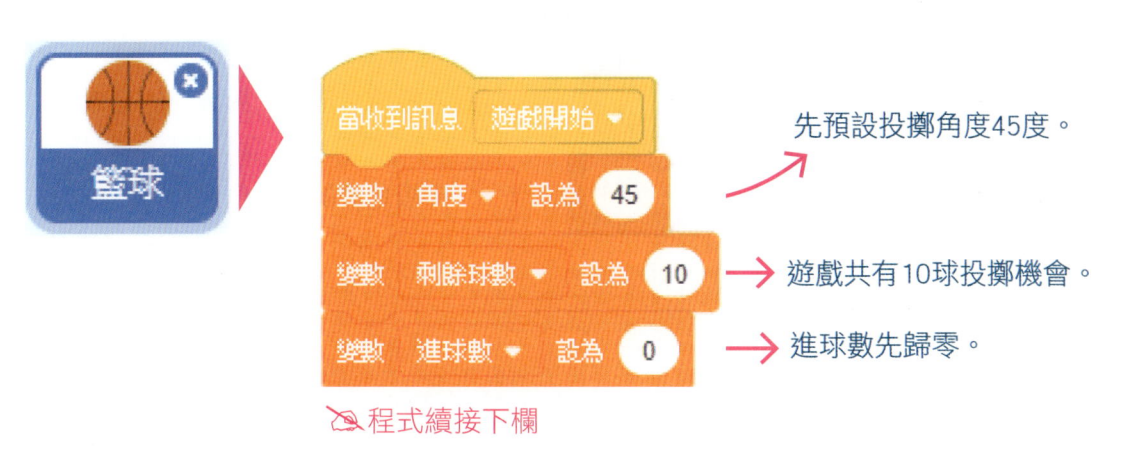

對於「籃球」角色：
- 當收到訊息「遊戲開始」
- 變數 角度 設為 45　→ 先預設投擲角度45度。
- 變數 剩餘球數 設為 10　→ 遊戲共有10球投擲機會。
- 變數 進球數 設為 0　→ 進球數先歸零。

✎ 程式續接下欄

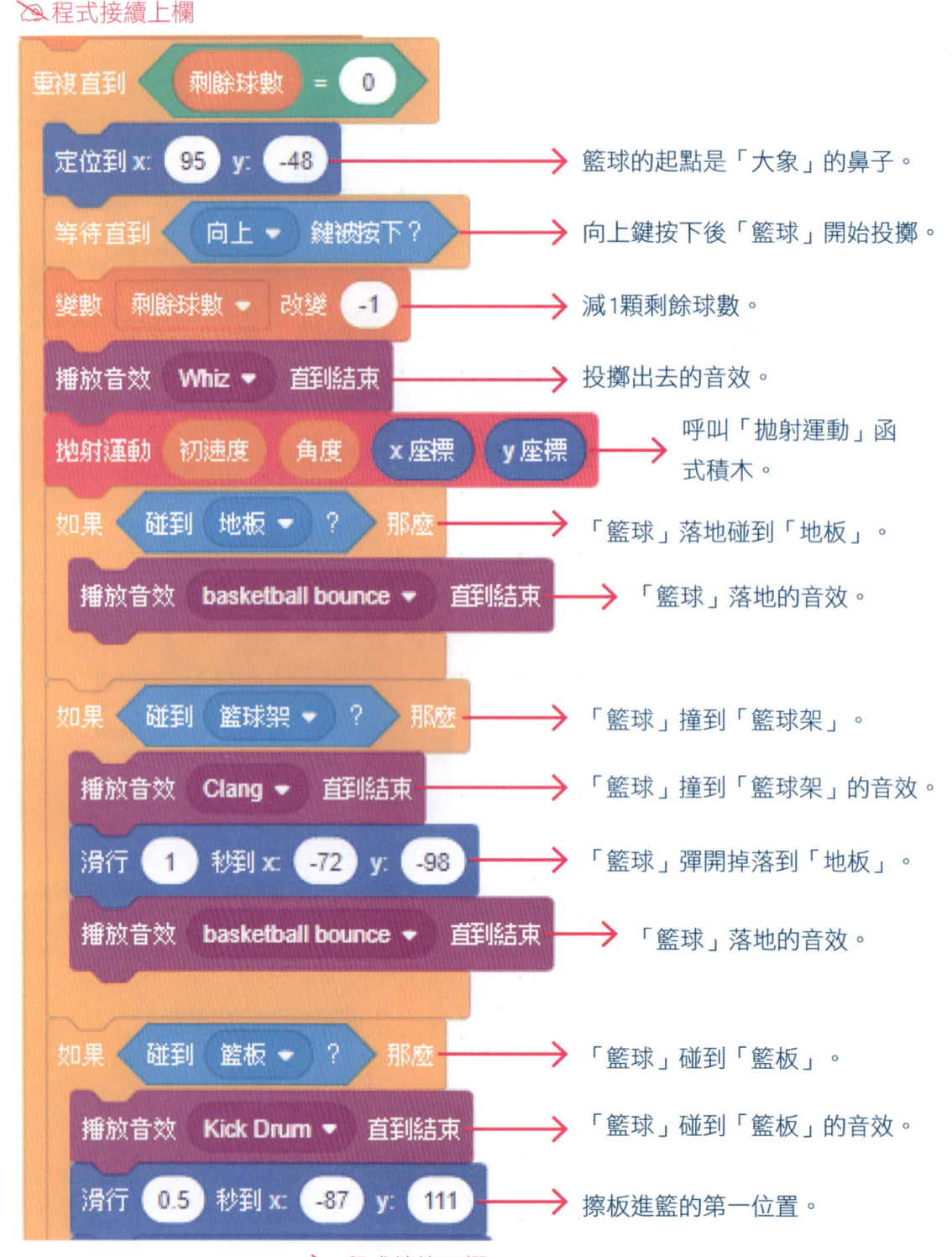

9 用 Scratch 3.0 創作故事動畫及互動遊戲

✎ 程式接續上欄

重複直到 剩餘球數 = 0	
定位到 x: 95 y: -48	→ 籃球的起點是「大象」的鼻子。
等待直到 向上 鍵被按下？	→ 向上鍵按下後「籃球」開始投擲。
變數 剩餘球數 改變 -1	→ 減1顆剩餘球數。
播放音效 Whiz 直到結束	→ 投擲出去的音效。
拋射運動 初速度 角度 x座標 y座標	→ 呼叫「拋射運動」函式積木。
如果 碰到 地板 ？ 那麼	→ 「籃球」落地碰到「地板」。
播放音效 basketball bounce 直到結束	→ 「籃球」落地的音效。
如果 碰到 籃球架 ？ 那麼	→ 「籃球」撞到「籃球架」。
播放音效 Clang 直到結束	→ 「籃球」撞到「籃球架」的音效。
滑行 1 秒到 x: -72 y: -98	→ 「籃球」彈開掉落到「地板」。
播放音效 basketball bounce 直到結束	→ 「籃球」落地的音效。
如果 碰到 籃板 ？ 那麼	→ 「籃球」碰到「籃板」。
播放音效 Kick Drum 直到結束	→ 「籃球」碰到「籃板」的音效。
滑行 0.5 秒到 x: -87 y: 111	→ 擦板進籃的第一位置。

✎ 程式續接下欄

遊戲創作 - 大象投籃球

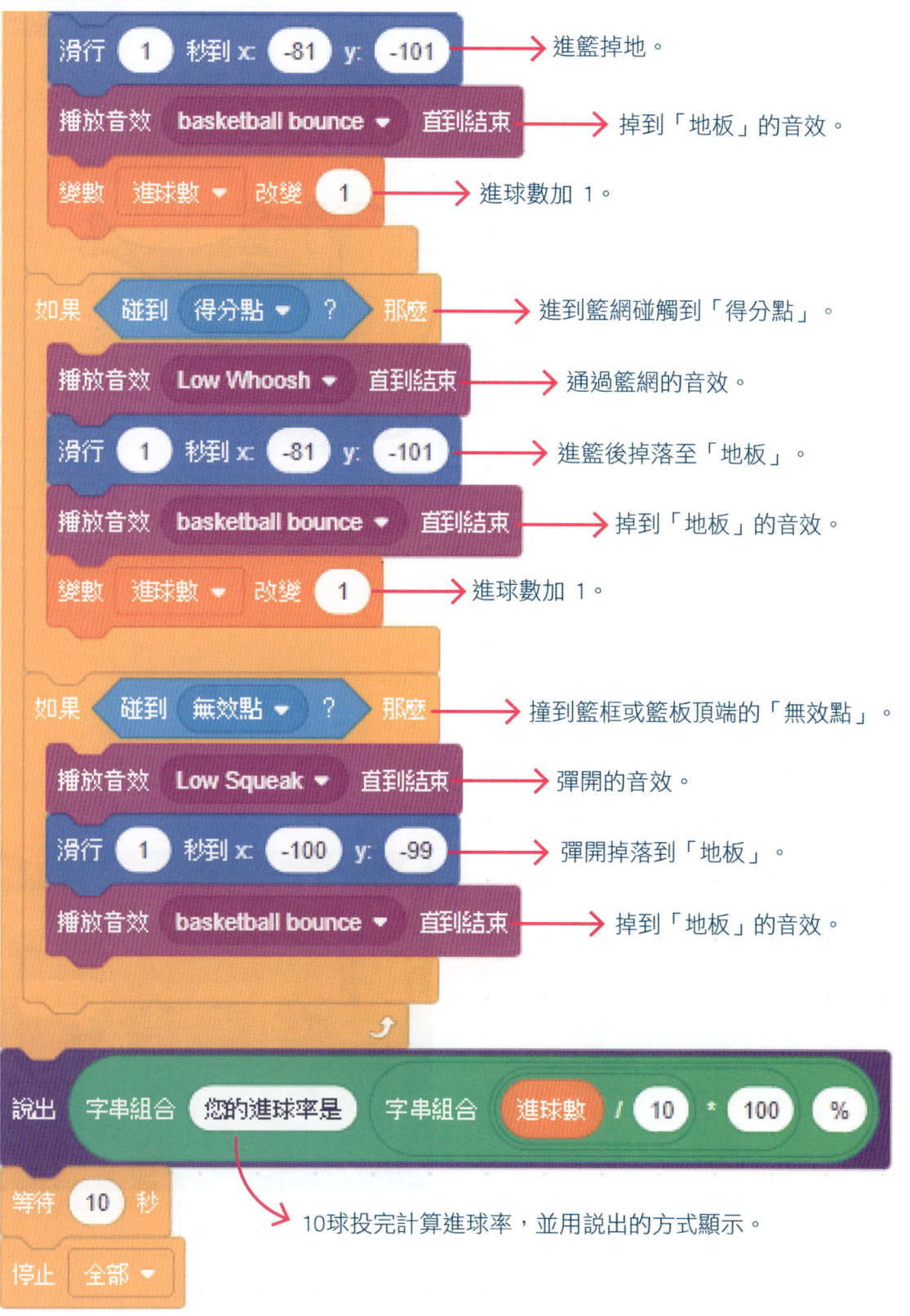

📝 程式接續上欄

- 滑行 1 秒到 x: -81 y: -101 → 進籃掉地。
- 播放音效 basketball bounce 直到結束 → 掉到「地板」的音效。
- 變數 進球數 改變 1 → 進球數加 1。

- 如果 碰到 得分點 ? 那麼 → 進到籃網碰觸到「得分點」。
  - 播放音效 Low Whoosh 直到結束 → 通過籃網的音效。
  - 滑行 1 秒到 x: -81 y: -101 → 進籃後掉落至「地板」。
  - 播放音效 basketball bounce 直到結束 → 掉到「地板」的音效。
  - 變數 進球數 改變 1 → 進球數加 1。

- 如果 碰到 無效點 ? 那麼 → 撞到籃框或籃板頂端的「無效點」。
  - 播放音效 Low Squeak 直到結束 → 彈開的音效。
  - 滑行 1 秒到 x: -100 y: -99 → 彈開掉落到「地板」。
  - 播放音效 basketball bounce 直到結束 → 掉到「地板」的音效。

- 說出 字串組合 您的進球率是 字串組合 進球數 / 10 * 100 %
  → 10球投完計算進球率，並用說出的方式顯示。
- 等待 10 秒
- 停止 全部

9-7　大象投球的造型變換

step 1　「大象」投球時我們僅使用 2 個造型輪替切換，若是類似砲台發射的遊戲，就要考慮把砲台發射前調整角度的動作放進程式中。

造形設計

造型：elephant-b

```
當收到訊息 遊戲開始
定位到 x: 164 y: -61
迴轉方式設為 左-右
面朝 -90 度
尺寸設為 80 %
重複無限次
    造型換成 elephant-a
    等待直到 向上 鍵被按下？
    造型換成 elephant-b
    等待 1 秒
```

這遊戲是向左方向投球，因此要面朝左，使用「迴轉方式 左-右」來確保造型不會顛倒。

畫面呈現

力量值=63

力量 63　角度 75　剩餘球數 8　進球數 0

遊戲創作 - 大象投籃球　9

step 2

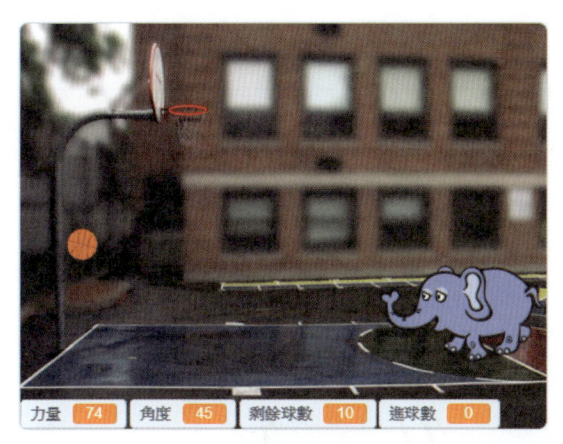

撞到「籃球架」。

撞到「籃框」的「無效點」。

投到「籃板」上方的「無效點」。

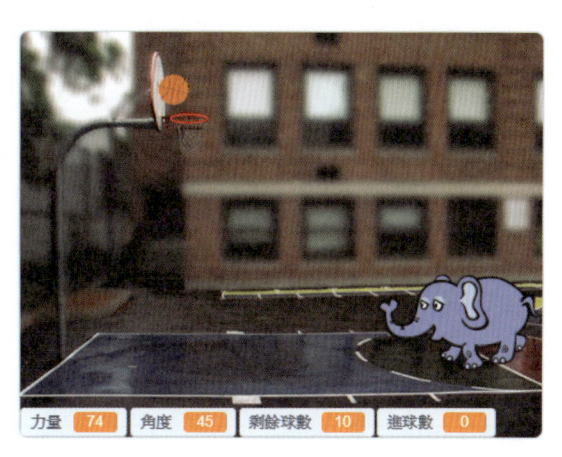

投到「籃板」擦板進籃。

投到籃網的「得分點」。

掉落到「地板」。

Notepage

第 10 章　團隊協作技巧

現在是團隊協作的時代，各項科技類競賽都是講求「團隊」來完成，近年來台灣教育部所辦理的「全國貓咪盃競賽」就是以兩人一組進行 Scratch 動畫或遊戲的創作競賽。

學校中也可以試著採用小組的方式來進行專案創作，一同討論會比自己一個人更有趣味，學習效果更好。

但重點來了，團隊要怎麼分工？以下介紹可以應用的技巧，幫助分工的建立。

10-1　匯出造型

有的隊友特別會畫圖弄造型，因此把角色造型設計的工作交給他來完成會較恰當，畫完的造型就需要儲存匯出，然後再從共同整合的那台電腦中匯入造型。

在造型區選定造型，然後按下滑鼠右鍵，匯出成內定的 SVG 格式。

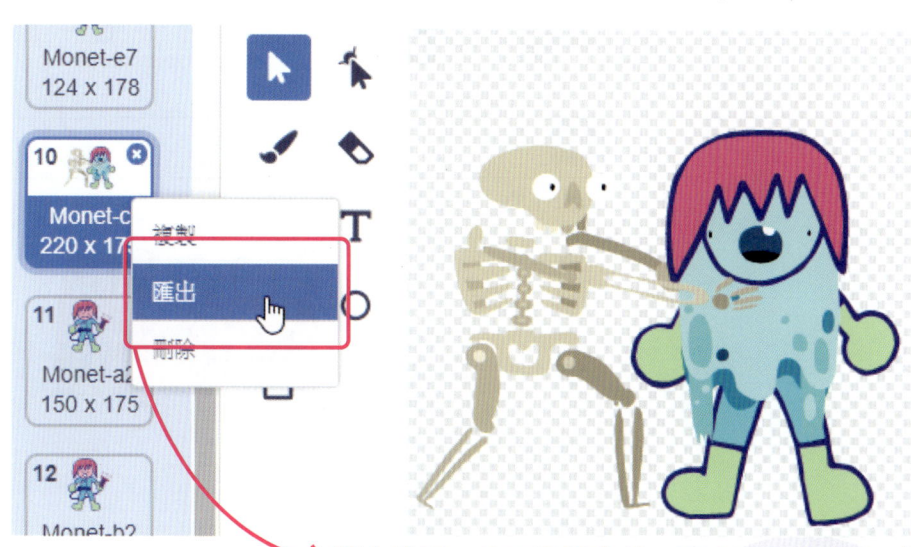

選定造型，按下滑鼠右鍵，匯出成內定的SVG格式。

10-2 匯入造型

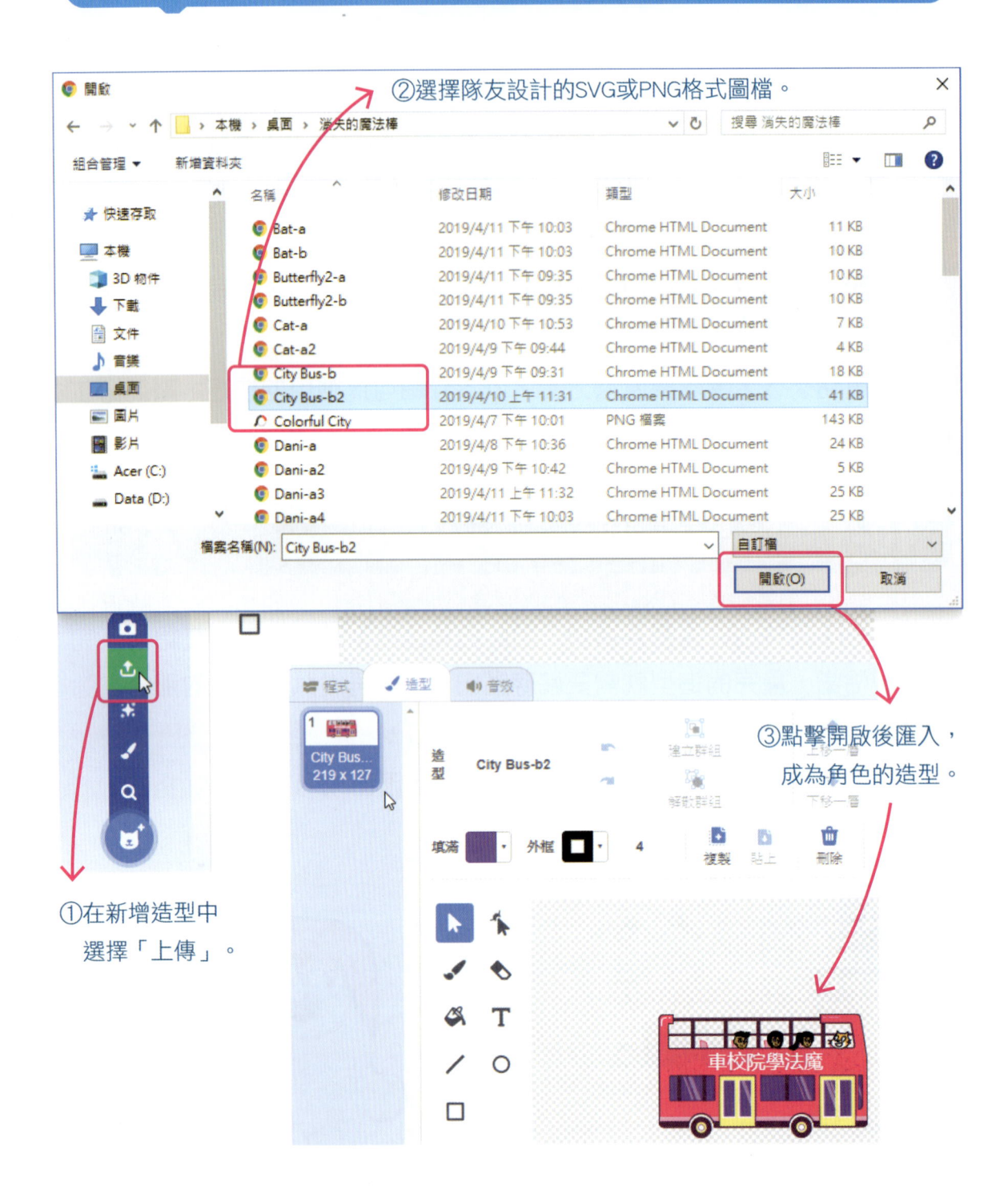

②選擇隊友設計的SVG或PNG格式圖檔。

①在新增造型中選擇「上傳」。

③點擊開啟後匯入，成為角色的造型。

10-3 匯出音效

有的隊友會負責配音，因此音效也有匯出的需求。在音效區選定音效，按滑鼠右鍵，選擇匯出。

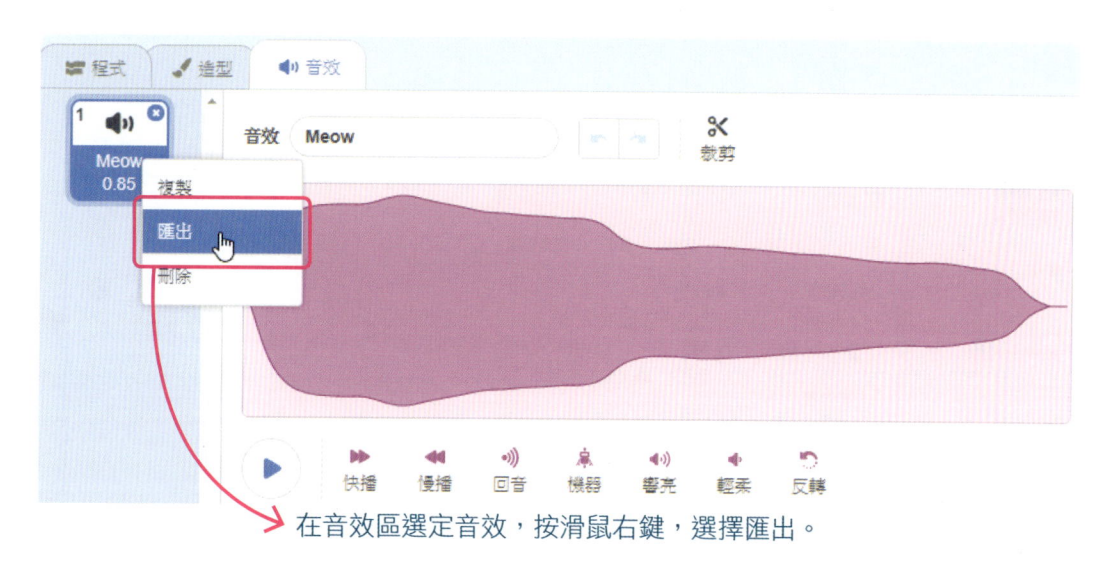

在音效區選定音效，按滑鼠右鍵，選擇匯出。

自己錄製配音的方法如下。

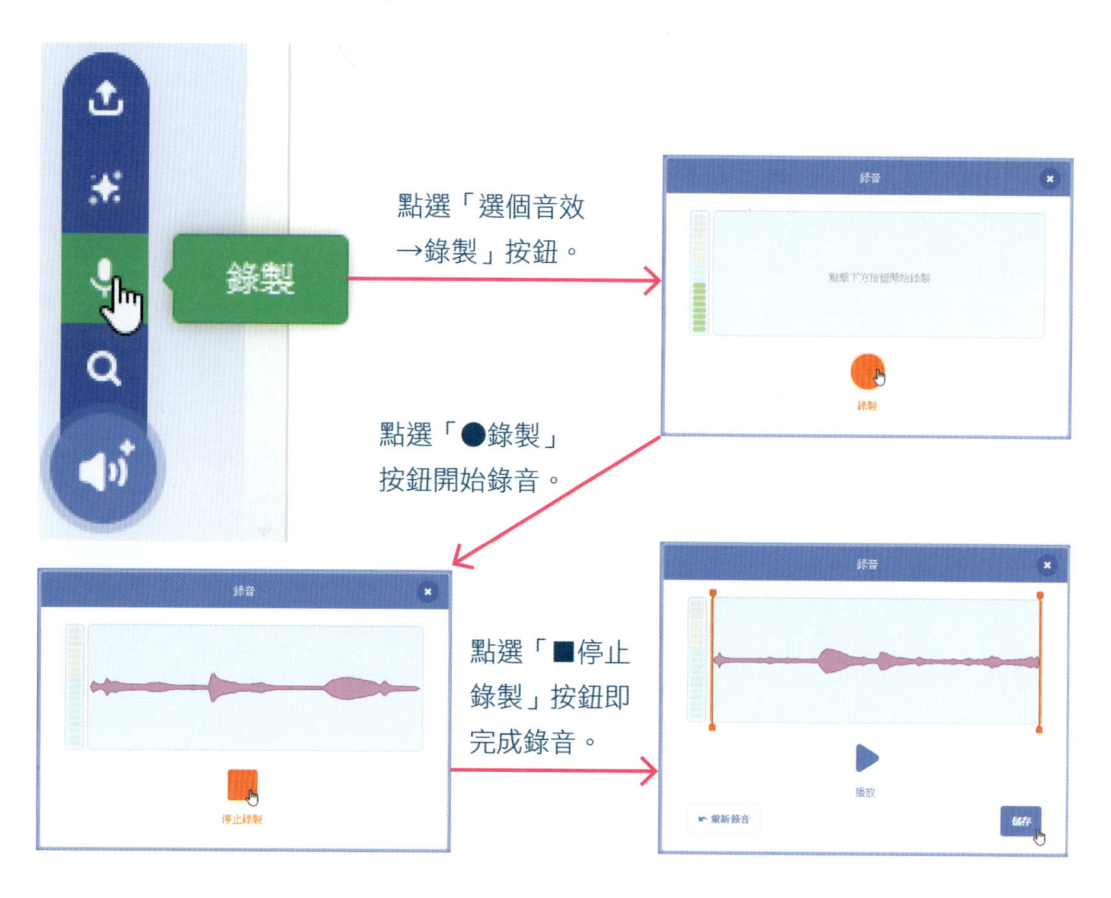

點選「選個音效→錄製」按鈕。

點選「●錄製」按鈕開始錄音。

點選「■停止錄製」按鈕即完成錄音。

10-4 匯入音效

　　在新增音效中選擇「上傳」，可以將隊友錄音、彈奏或編曲的音效格式 WAV 或 MP3 匯入。

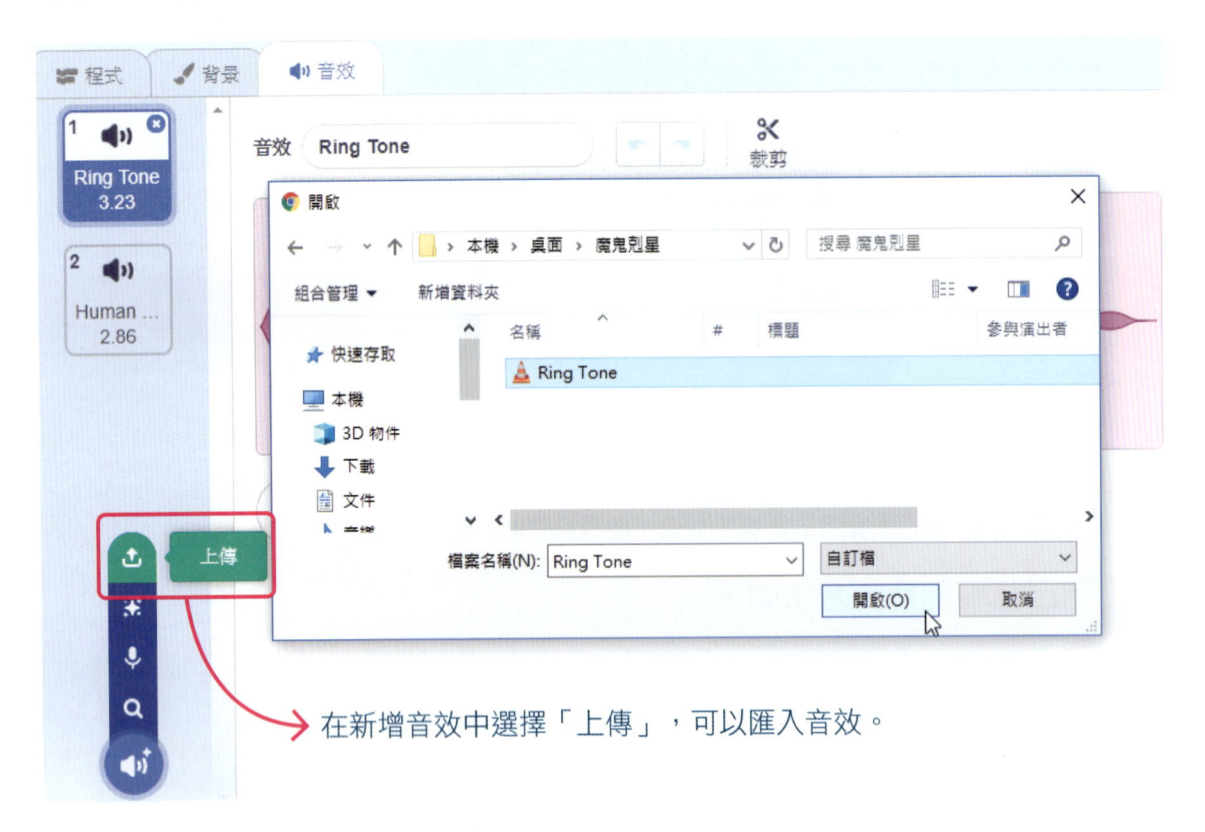

在新增音效中選擇「上傳」，可以匯入音效。

10-5　匯出角色

　　如果分配方式是分別做獨立的角色，或者想從其他專案的角色拿出來改，可以在角色區選定後，按下滑鼠右鍵，然後匯出成 SPRITE3 檔案。

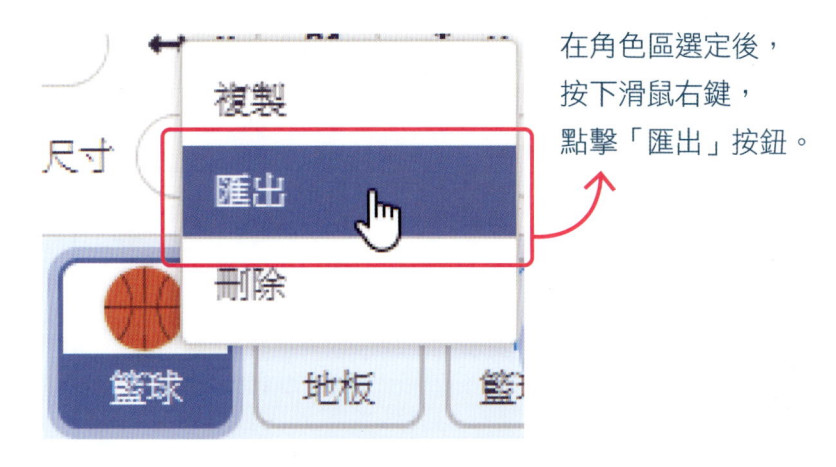

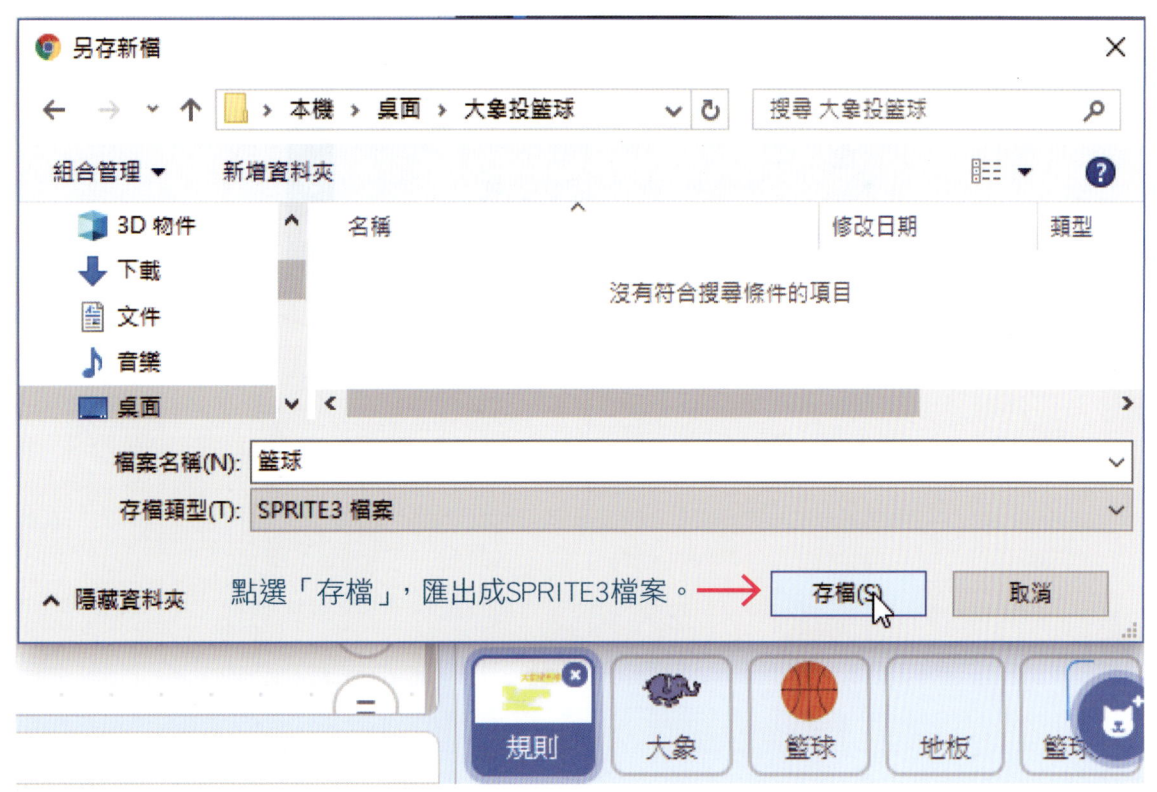

在角色區選定後，
按下滑鼠右鍵，
點擊「匯出」按鈕。

點選「存檔」，匯出成SPRITE3檔案。

10-6　匯入角色

將隊友做好的角色匯入專案。

此種匯入方式會連同角色中的程式、造型、音效、變數、函式等都一起複製，大幅減少重新編輯的時間。

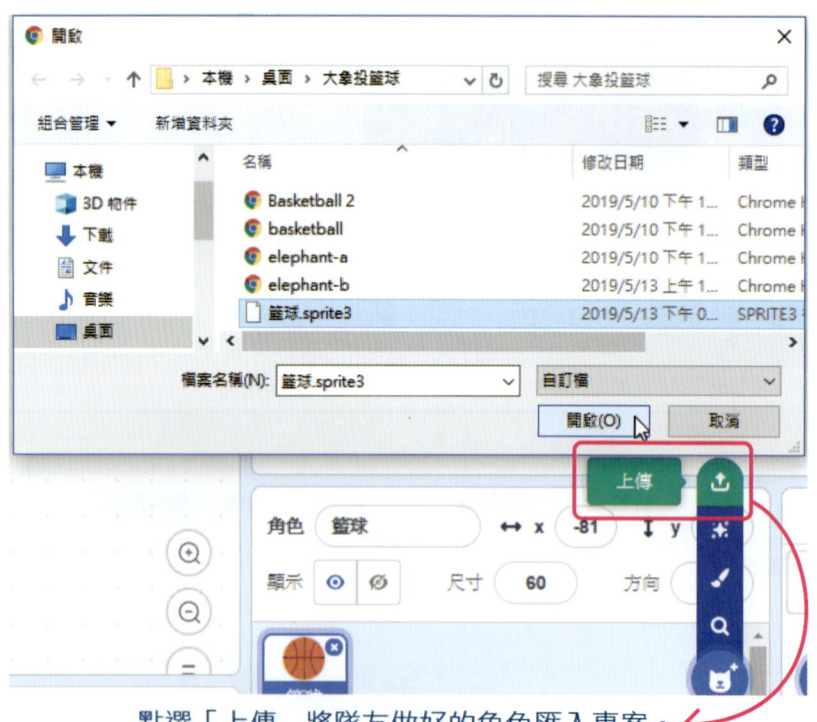

點選「上傳」將隊友做好的角色匯入專案。

10-7 專案匯出

在小組團隊完成專案，最終需要下載到電腦的隨身碟、硬碟中，然後繳交作品或上台報告，此時就需要把專案匯出，存成 SB3 的檔案格式。

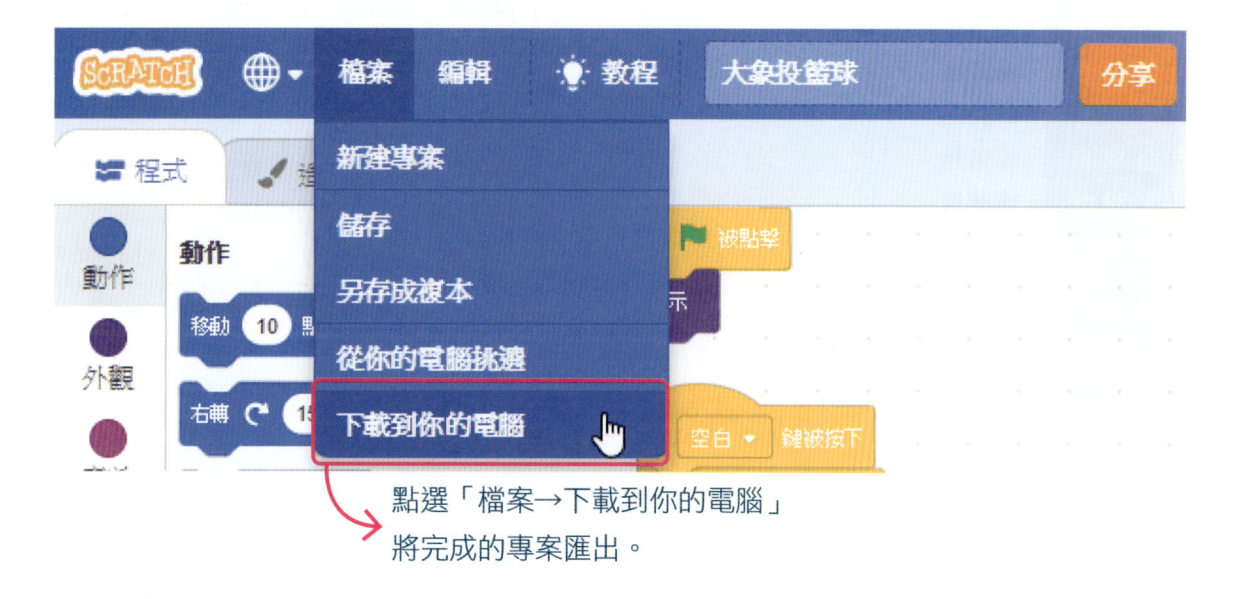

點選「檔案→下載到你的電腦」將完成的專案匯出。

書　　　名	用 Scratch 3.0 創作故事動畫及互動遊戲	
書　　　號	PN26201	國家圖書館出版品預行編目 (CIP) 資料
版　　　次	2019 年 10 月初版 2024 年 5 月二版	用 Scratch 3.0 創作故事動畫及互動遊戲 / 賴皓維編著. -- 二版. -- 新北市 : 台科大圖書股份有限公司, 2024.04 　面；　公分 ISBN 978-626-391-139-0(平裝) 1.CST: 電腦教育 2.CST: 電腦遊戲 3.CST: 電腦程式設計 4.CST: 中小學教育 523.38　　　　　　　　　　　113005788
編　著　者	賴皓維	
責任編輯	黃曦緡	
校對次數	8 次	
版面構成	楊蕙慈	
封面設計	楊蕙慈	

出　版　者	台科大圖書股份有限公司
門市地址	24257 新北市新莊區中正路 649-8 號 8 樓
電　　　話	02-2908-0313
傳　　　真	02-2908-0112
網　　　址	tkdbooks.com
電子郵件	service@jyic.net
版權宣告	**有著作權　侵害必究** 本書受著作權法保護，未經本公司事前書面授權，不得以任何方式（包括儲存於資料庫或任何存取系統內）作全部或局部之翻印、仿製或轉載。 書內圖片、資料的來源已盡查明之責，若有疏漏致著作權遭侵犯，我們在此致歉，並請有關人士致函本公司，我們將作出適當的修訂和安排。
郵購帳號	19133960
戶　　　名	台科大圖書股份有限公司
	※郵撥訂購未滿 1500 元者，請付郵資，本島地區 100 元 / 外島地區 200 元
客服專線	0800-000-599
網路購書	勁園科教旗艦店 蝦皮商城　　博客來網路書店 台科大圖書專區　　勁園商城
各服務中心	總　公　司　02-2908-5945　　台中服務中心　04-2263-5882 台北服務中心　02-2908-5945　　高雄服務中心　07-555-7947

線上讀者回函
歡迎給予鼓勵及建議
tkdbooks.com/PN26201